氷の燃える国ニッポン

青山千春
アシスト・バイ 青山繁晴

ワニブックス
PLUS 新書

海に出る日々のために、なかなかお見舞いにも行けないまま亡くなった母に捧ぐ

はじめに　祖国再生の起爆剤

私たち日本国民は誰しも、世代の違いも立場の違いも関係なく「日本は資源のない国だ」と教育され、マスメディアを通じてもずっと刷り込まれてきました。

ところが国民の知らないところで、すなわち国際社会では十数年前から「隠れた資源大国」とも呼ばれてきたのです。

二〇一三（平成二五）年三月一二日、政府は地球深部探査船「ちきゅう」による調査で、愛知県・渥美半島～三重県・志摩半島沖の水深一〇〇〇メートルの海底下三〇〇メートルにあるメタンハイドレート層から、天然ガスの採取に成功したと発表しました。

この発表で、待望の「国産資源」が実現されると世間が沸き立ち、一研究者である私も解説のためテレビ番組参加の依頼を受けました。こ

写真①　船内で海底から採取したメタンハイドレートの小片を、シリンジ（注射器）の中に入れて、火を点けてみた（P 127 参照）

写真②　メタンハイドレートの独自調査が終わったあと、取材に応じる青山千春＆青山繁晴（2012年6月、写真③④⑥～⑪、⑱も同様）

れでメタンハイドレートという資源が日本の海にあることが知れ渡りました。

このニュースが全世界に流れた年、私はより多く、広くメタンハイドレートのことを知っていただきたいと、『希望の現場　メタンハイドレート』を青山繁晴のアシストを受け、上梓しました。今年、この本を改めて新書版として世に問おうと思ったのは、三年の月日を経てメタンハイドレートを取り巻く環境が大きく変わってきているからです。

詳しくは「新章」で述べますが、日本国内のメタンハイドレートの調査・研究・開発は確実に歩みを進めています。それが評価されてか、インドではメタンハイドレートの調査・研究について世界入札をし、日本が落札しています。

その一方で中国が調査・研究に積極的で、メタンハイドレートの新しい評価法を推進（四七頁参照）しています。

この方法が実用化されると、中国の調査・研究・開発は一気に進むと思われます。

この三年で劇的に変わった情況を知っていただき、皆さんが主人公になって祖国のメタンハイドレート開発を推進してほしい……そんな思いから再びペンを執りました。

さて、ここで三年前（二〇一三年）に戻って、当時の状況をおさらいしましょう。繰り返しますが、同年三月、日本は「ちきゅう」による探査で、愛知県～三重県沖の水深一〇〇〇メートルの海底下三〇〇メートルにあるメタンハイドレート層から、天然ガスの採取に成功しました。

写真③　水温や水質を測定する機器（CTD）を、海中に下ろすところ

しかし、この調査がポンプ故障などが理由で一〇日間の予定が五日間に短縮されたと政府が発表したところ、すべてのマスコミは、「失敗」と大きく取り上げました。がっかりした国民が多かったと思います。
しかし、これは、国民をミスリードする報道内容だと思います。
なぜなら、今回は、「世界で初めて愛知県～三重県沖で海底下のメタンハイドレートから天然ガスが採取できた」というところに大きな意義があるからです。

ひとつ目の意義は、「世界で初めて」ならばこの技術が完成した暁には、技術を世界の国々へ輸出することができるということです。そして、ふたつ目は、この技術があることで、現在の天然ガス輸入価格交渉の切り札になるということ。そしてみっつ目は、「失敗」したデータがたくさん取れたことが技術の改良につながるということです。

このみっつを実行すれば、いままで私たちが思い込まされてきた、「日本は資源のない国で、エネルギー資源は輸入元の言い値で買うのが当然」という話が根本から崩れるのです。

そして実際にこの失敗を活かして技術改良が施され、今年（二〇一六年）度、愛知県～三重県沖の同じ場所で再び調査が行われることになっています。改良された技術がどんな成果をもたらしてくれるか、とても楽しみです。

さて、みなさんが報道に惑わされることなく、事実を理解するためには、多くの客観的な一次情報を集めることが必要です。

私自身、一九九七年に日本海でメタンハイドレートに出逢ってから、この初の国産資源に関わるたくさんの事象や関係者と接してきました。その経験を活かし、本書では、①メ

写真④　独研が独自調査を新潟・上越沖で行った際、使用した調査船「第七開洋丸」

写真⑤　兵庫県沖の日本海で独研が調査を行ったときに使用した、漁業調査船「たじま」

タンハイドレートとは何か、そのリアルな姿、②日本の海にどんなふうに賦存《ふぞん》（資源などが潜在的に在ること）している？　③魚群探知機を使った安価な特許技術でメタンハイドレートの何が分かる？　④メタンハイドレート研究開発の動きと「日本海連合」のパワー、⑤メタンハイドレートの実用化で日本の国家国民にどんな恩恵がある？　⑥実用化へ克服しなければならないことは何か、これらを柱に、メタンハイドレートをめぐる「政」「官」「財」「学」の実態を含め、私が目撃、直接関与した一次情報をあくまで客観的に記します。

みなさんにメタンハイドレートについて正確に理解していただき、一日でも早く自前の資源メタンハイドレートで発電した電気を使えることをはじめ、日本の本質的な自律に真っすぐつながっていくよう、心から願ってやみません。

二〇一六（平成二八）年　一〇月八日

博士（水産学）東京海洋大学准教授　**青山千春**

写真⑦　第七開洋丸の船内で、乗船者にメタンプルームの説明をする

写真⑥　第七開洋丸の甲板にて。青山繁晴と新藤義孝代議士

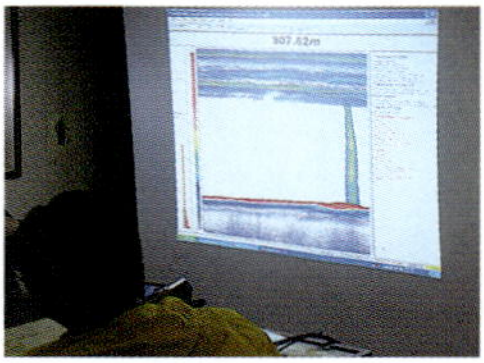

写真⑧　新潟県上越市・直江津港沖での調査中、魚群探知機でキャッチしたメタンプルーム

写真⑨　直江津沖に出た第七開洋丸船内で打ち合わせをする

写真⑩　魚群探知機でメタンプルームを探査しているところ

写真⑪　日本海隠岐の東側の海底から立ち上がるメタンプルーム

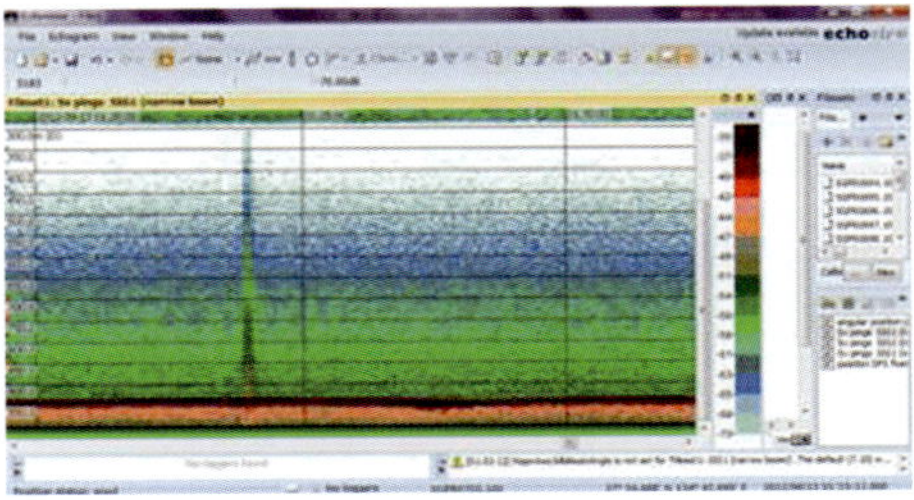

海底面にあったメタンハイドレートを
つかんでリリースしてみた

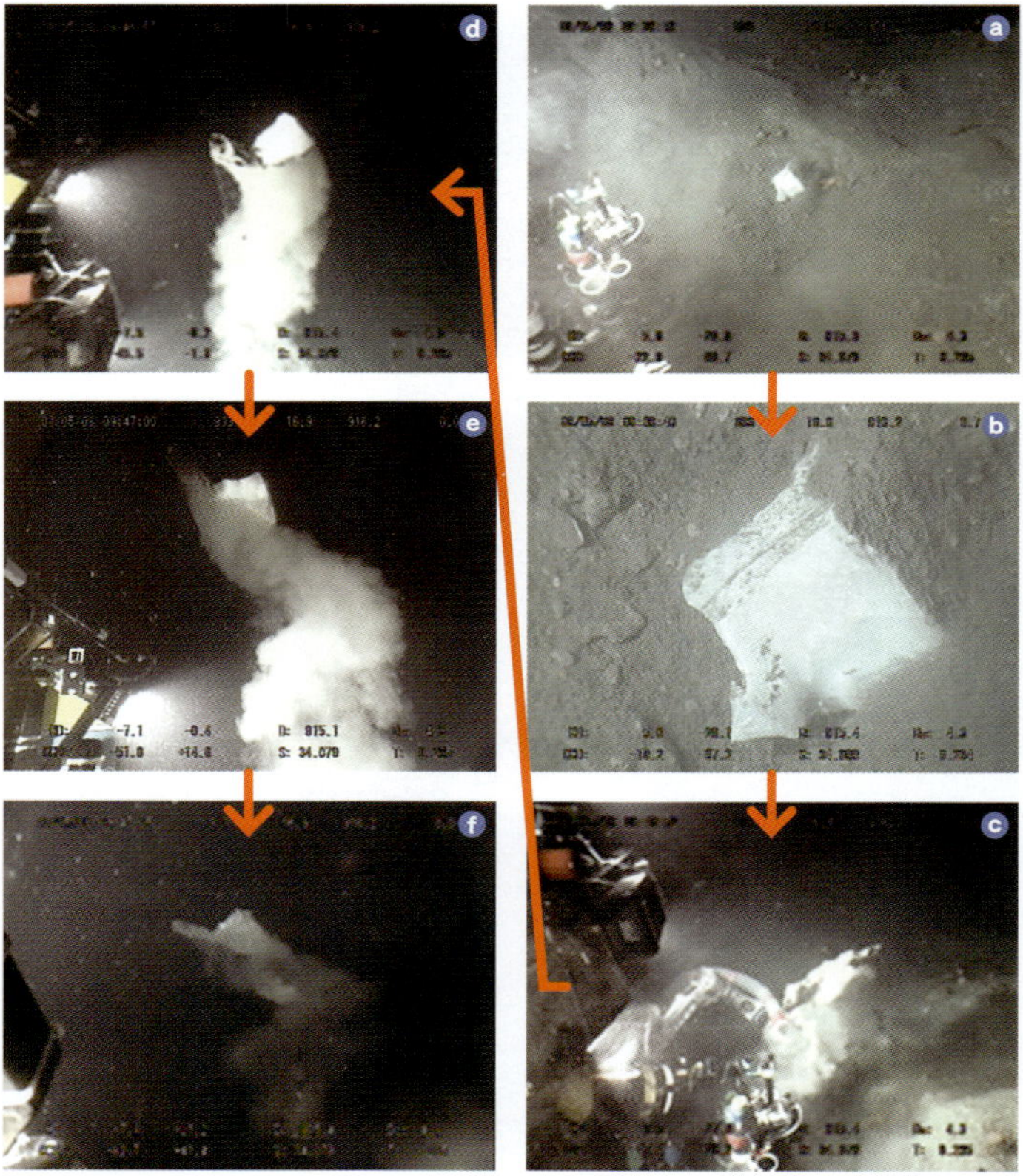

写真⑫　無人探査機「ハイパードルフィン」で海底を調査していると、キラリとメタンハイドレートの白い塊の一部が顔を出していたⓐ。その拡大ⓑ。ハイパードルフィンに装備されている、マニピュレータというアームでこの塊の一部をもぎ取るⓒ。塊をリリースⓓ。どんどん浮上していく塊ⓔ。遠く彼方まで浮上ⓕ（提供：JAMSTEC）

写真⑬　日本海の海底から引き上げたコアラーの中には、こぶし大のメタンハイドレートの結晶がたくさん入っていた

写真⑭　魚群探知機がキャッチしたメタンプルームを頼りに、ハイパードルフィンをメタンハイドレート湧出口に誘導した。中央に立ち上るのがメタンハイドレートの粒の集まり。これが魚群探知機に映し出されるメタンプルームの正体だった。海底面には露出したメタンハイドレートも見ることができた

写真⑮　船上に引き上げたメタンハイドレートの塊。泥が周りに付着しているためグレーだが、結晶は白色

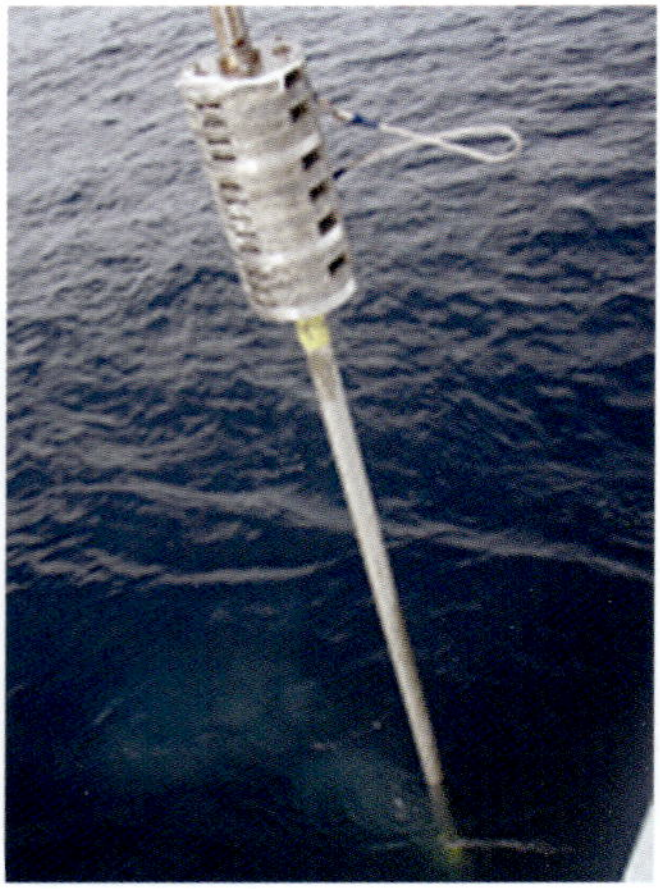

写真⑯　ピストンコアラー。上部の約 600kgのおもりの重さでパイプを海底に突き刺す

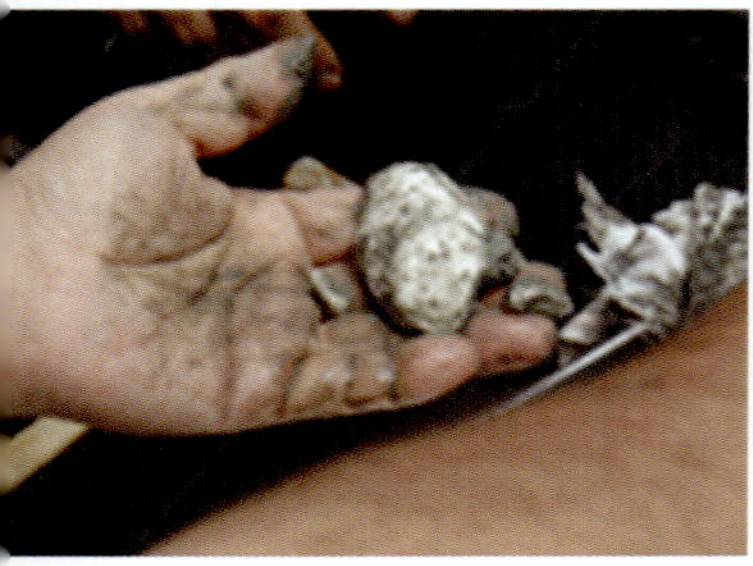

写真⑰　引き上げたメタンハイドレートを手に取ってみた

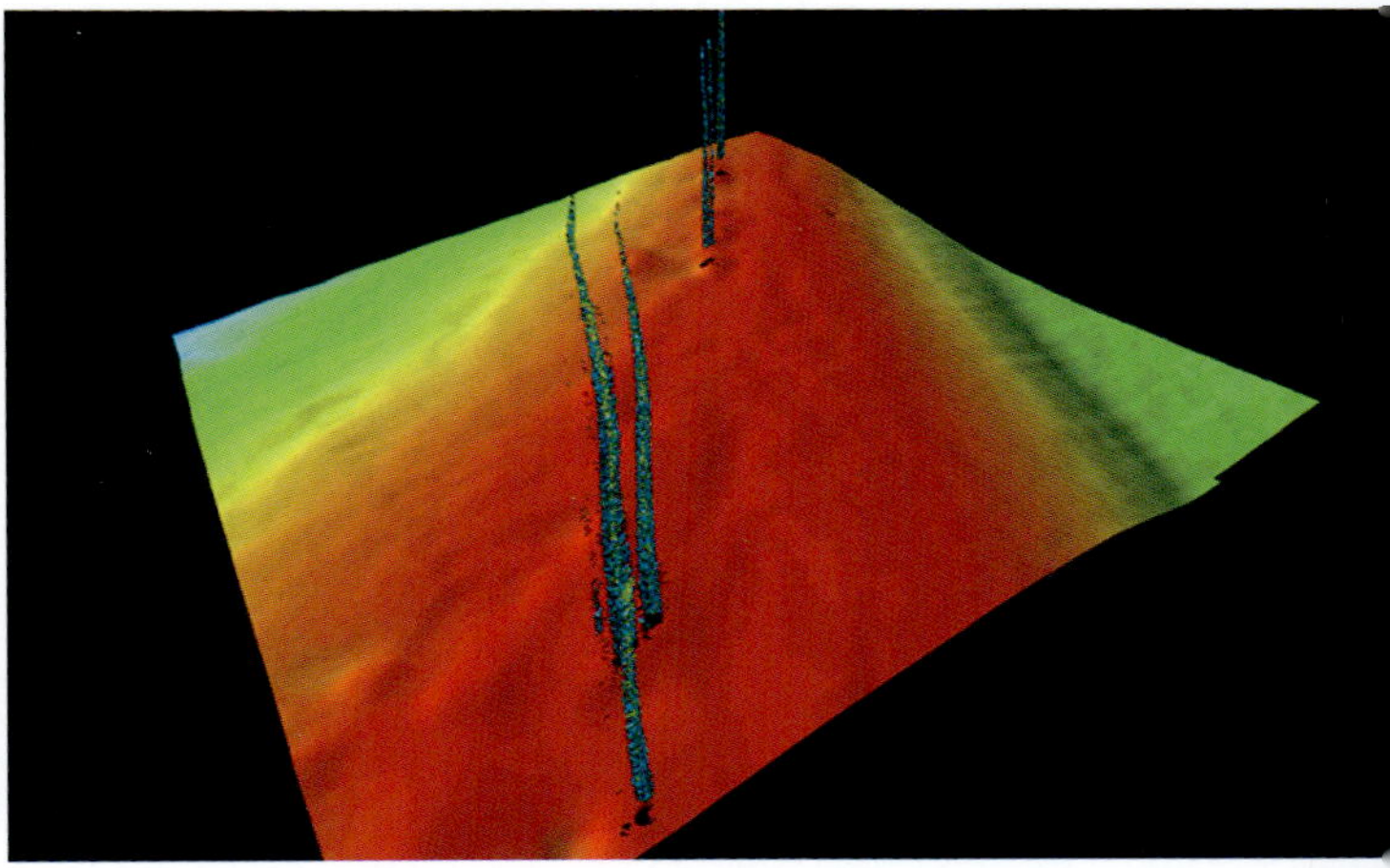

写真⑱　2012年6月、独研が単独調査航海で観測した、海底から上がるメタンプルームを3Dで再現した（独立総合研究所調査結果より）

写真㉑　2016年3月新潟県北東沖の調査で小さいながらも活躍したROV「ファルコン」と共同研究者たち。青山（前列左から二人目）が手に持つのは試作されたガス捕集装置

写真⑲　独研の研究員が持っていた水の入ったコップにメタンハイドレートのかけらを入れたら、発泡した（上）

写真⑳　摩擦で発火したところ（右）

図版Ⅰ　メタンハイドレートはこのような状態で在る

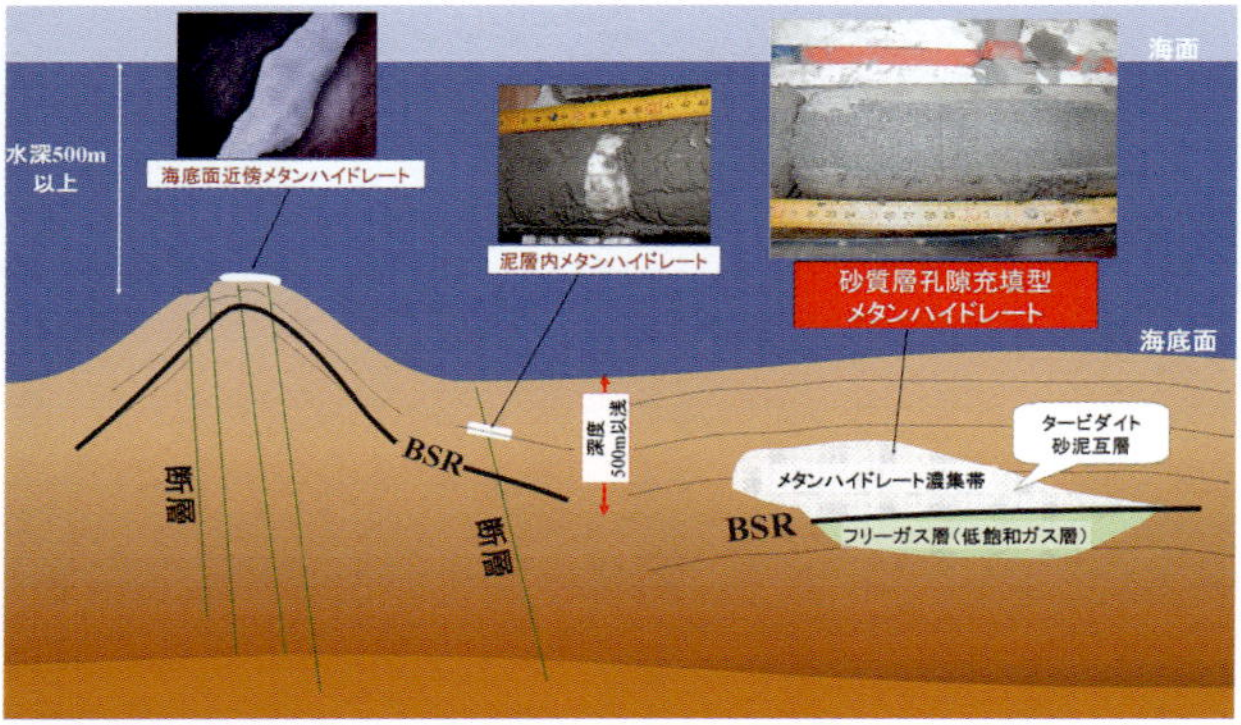

右の写真が太平洋側に多い深層メタンハイドレート（提供：MH21）
＊ BSR ＝海底擬似反射面。いわばメタンハイドレートの賦存を示す目印

図版Ⅱ　メタンハイドレートの世界分布図

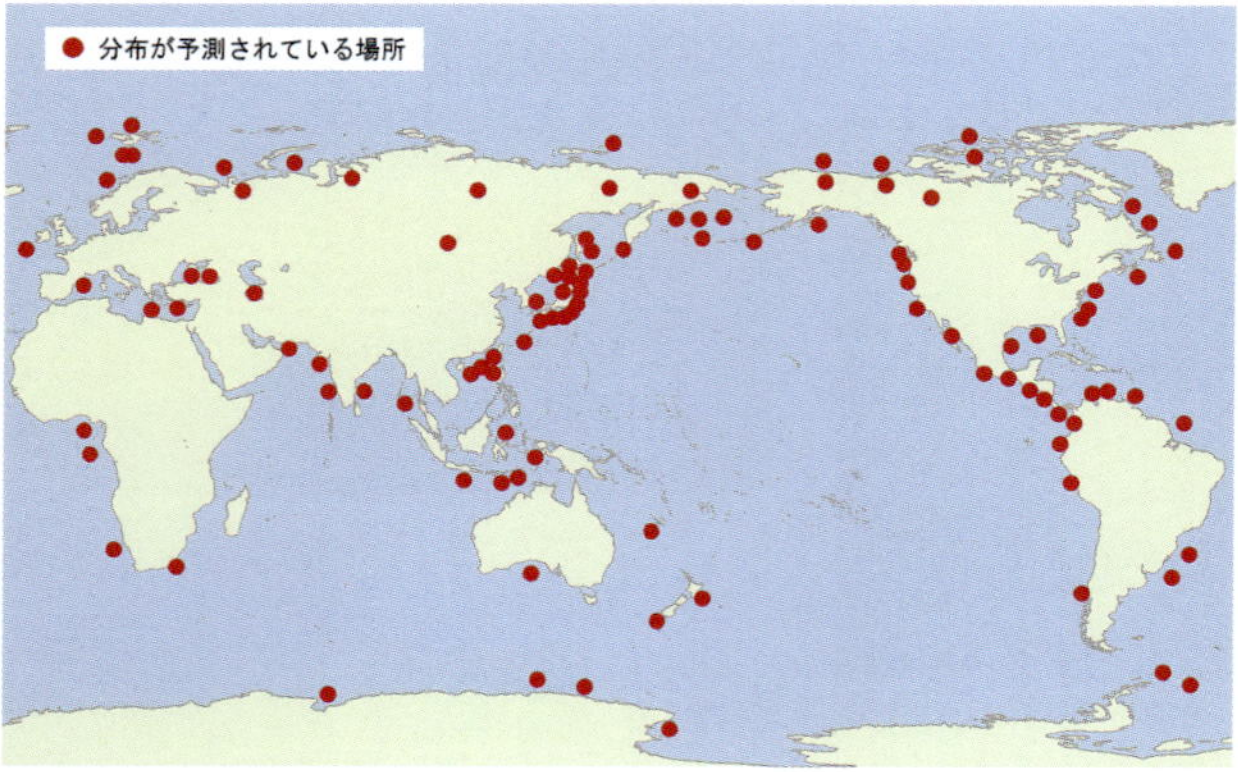

メタンハイドレートは世界中に分布されているとされ、実用化を望む声は強い（提供：MH21）

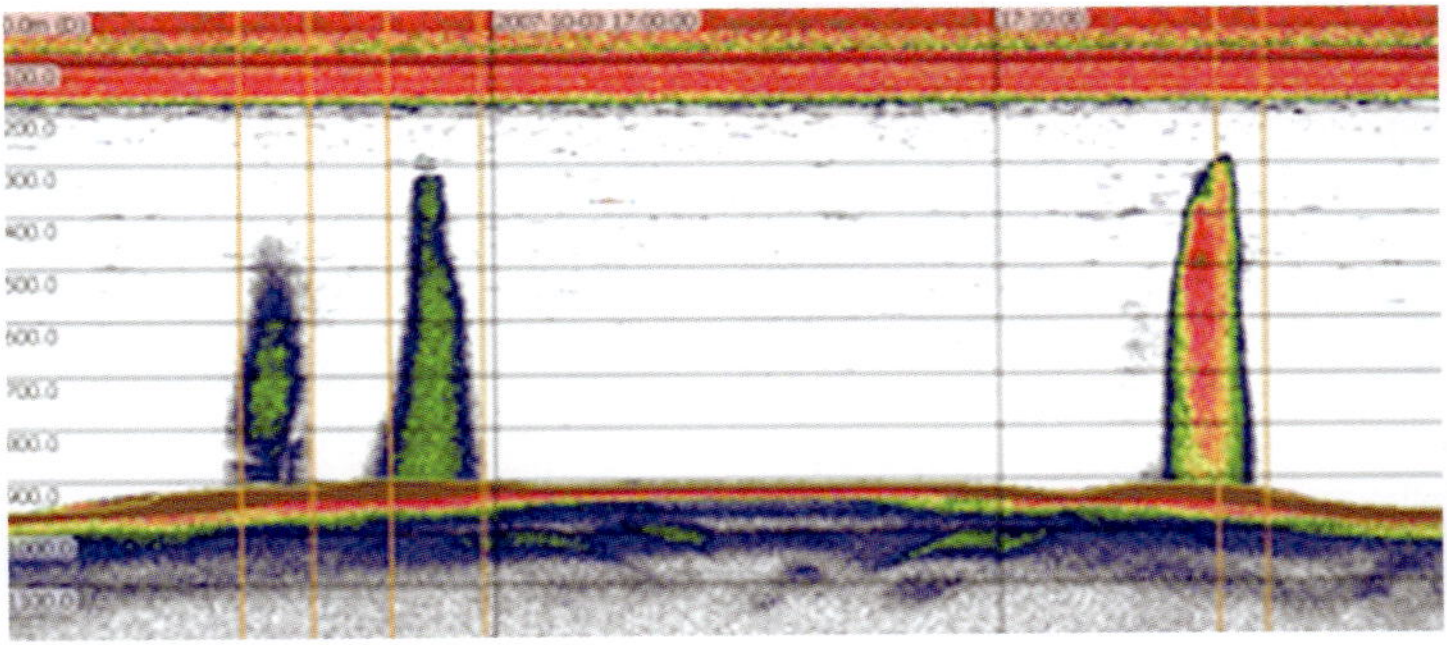

写真㉒　魚群探知機の画面。海底部分の反射の強いところは赤色。弱いところは黄色で表されている。３本のプルームが映し出されているが、反射がもっとも強いのは一番右のもの（Ｐ 64 参照）

漁船で使う魚群探知機でも
メタンプルームのイメージが見える

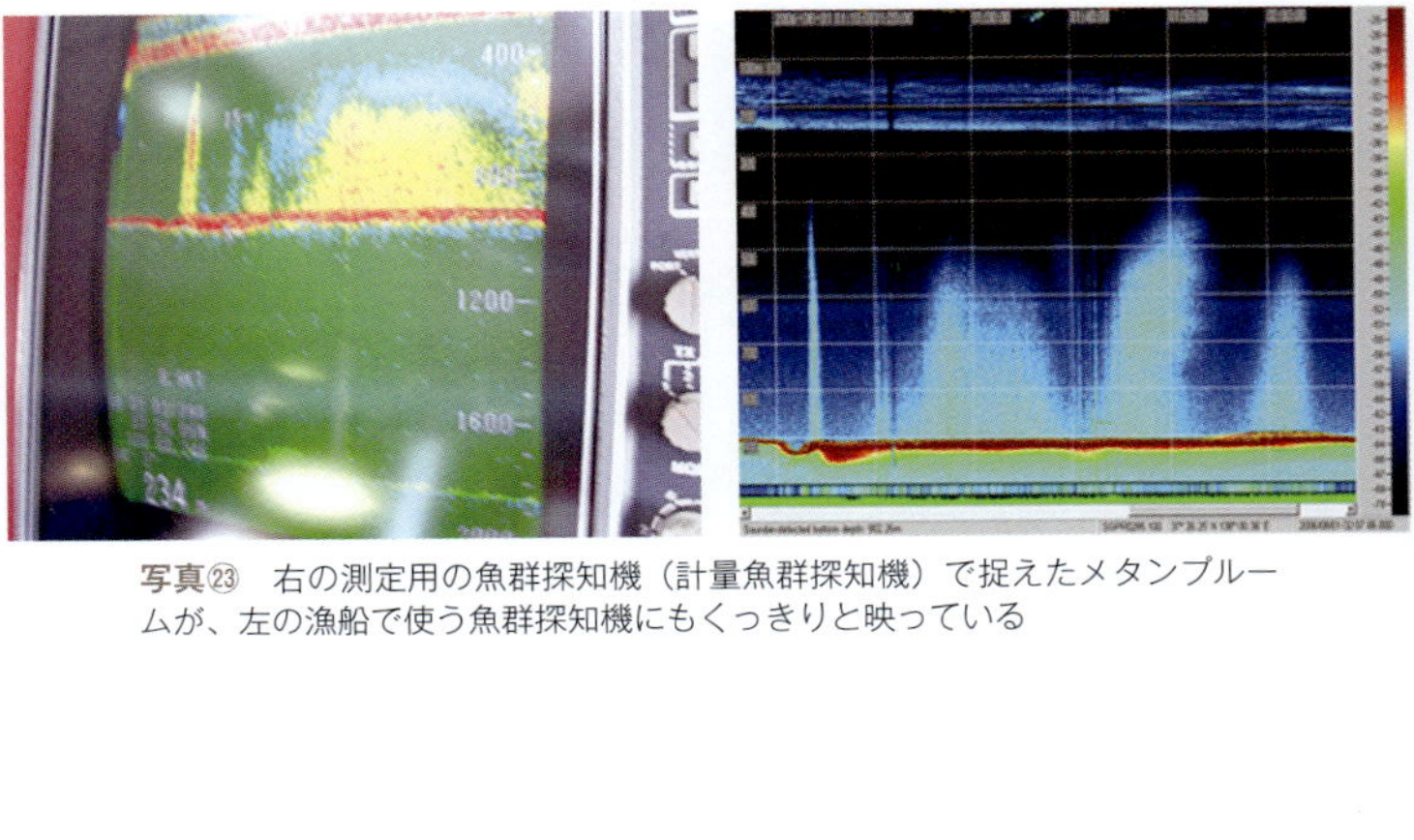

写真㉓　右の測定用の魚群探知機（計量魚群探知機）で捉えたメタンプルームが、左の漁船で使う魚群探知機にもくっきりと映っている

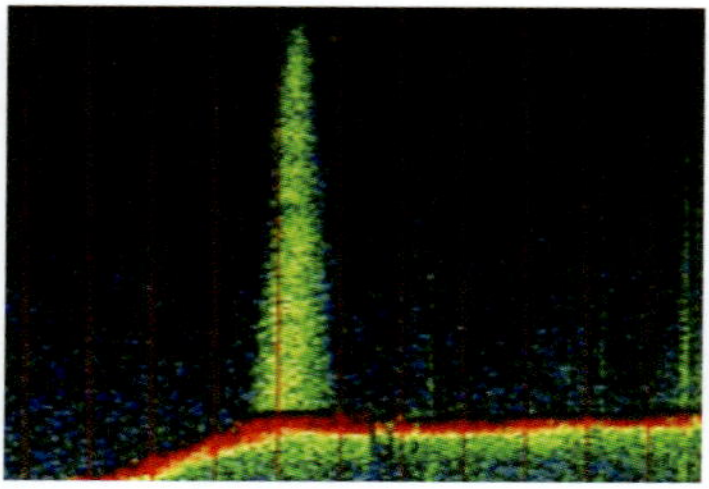

写真㉕　魚群探知機に鮮明に映っているメタンプルーム。高さはおよそ600m ある

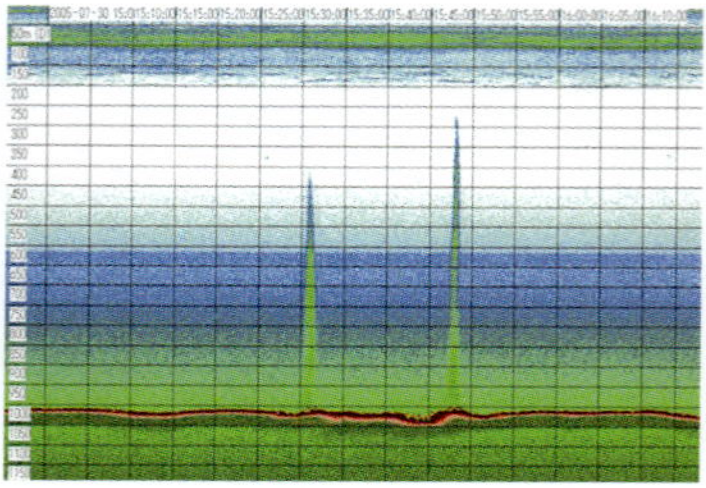

写真㉔　計量魚群探知機で見ると、このように海底が赤色で表される。中央の２本の縦に伸びる緑色のラインがメタンプルーム

図版Ⅲ　メタンハイドレートの安定領域

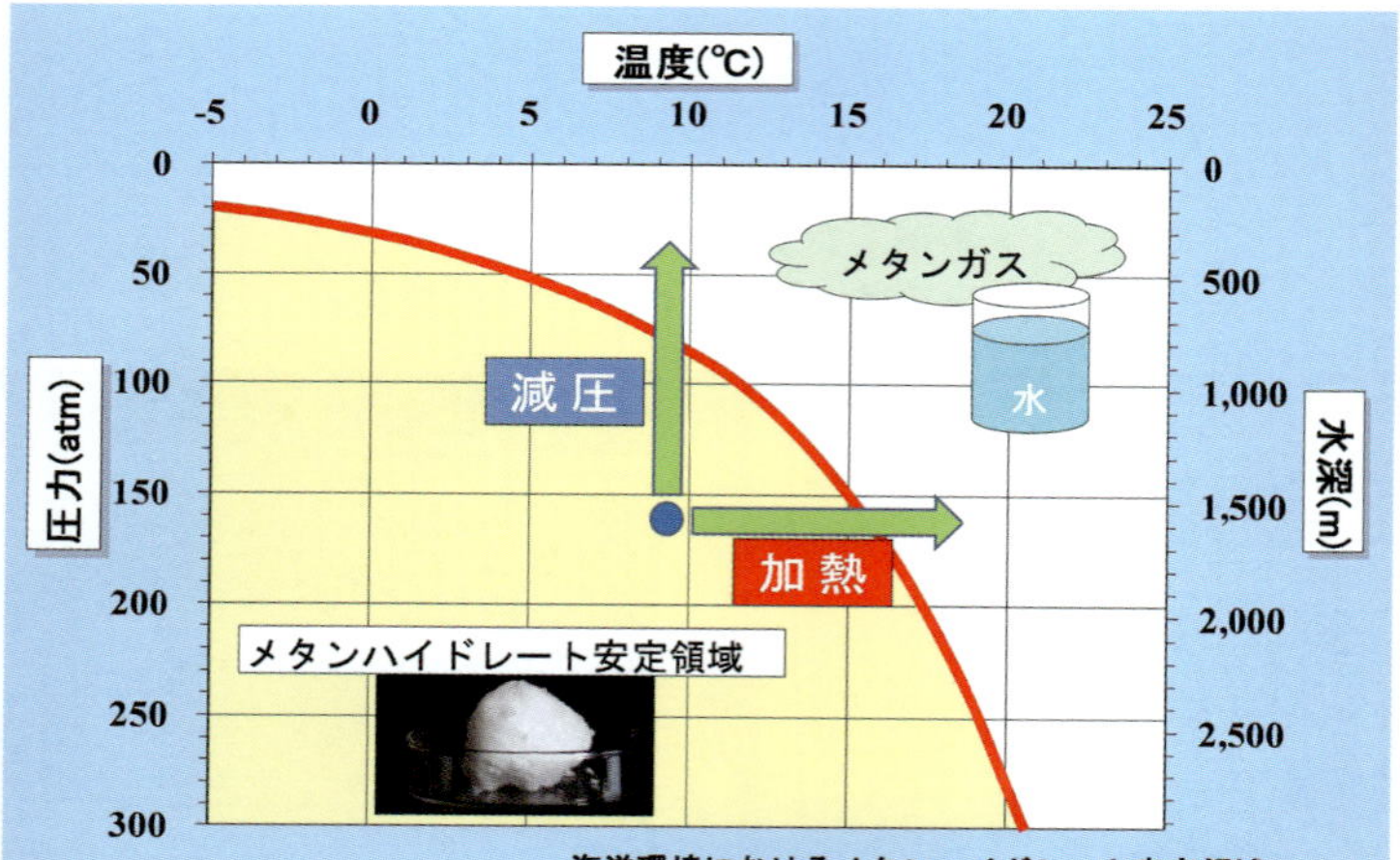

海洋環境におけるメタンハイドレート安定領域

縦軸は圧力を表しており、下に行くほど高圧になる。横軸は温度を表し、右に行くほど高温になる。図の中央の赤い曲線より左下の範囲では、メタンハイドレート。赤い曲線より右上の範囲では水とメタンに分かれる。たとえば水深 1000m で水温 0℃のところでは、メタンハイドレートであり、水深500m で水温が 10℃のところではメタンと水になる（提供：MH21）

図版Ⅳ　最新のBSRの分布図
（2009年、現在はより広範囲に発見されている）

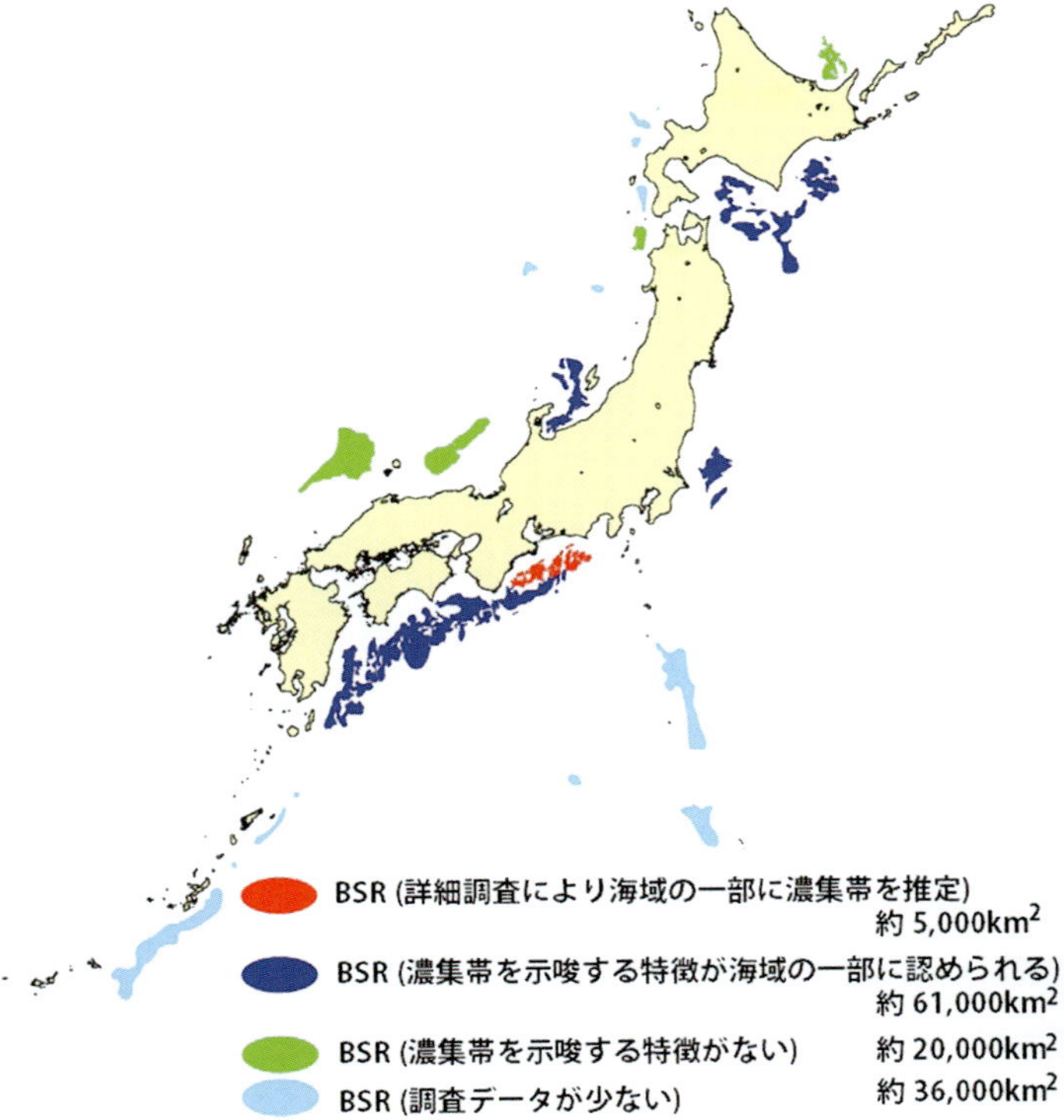

BSR面積＝約122,000km²

＊ BSR＝海底擬似反射面。いわばメタンハイドレートの賦存を示す目印（提供：MH21）

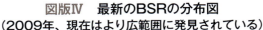

図版Ⅴ　太平洋側の生産方法「減圧法」の概念図

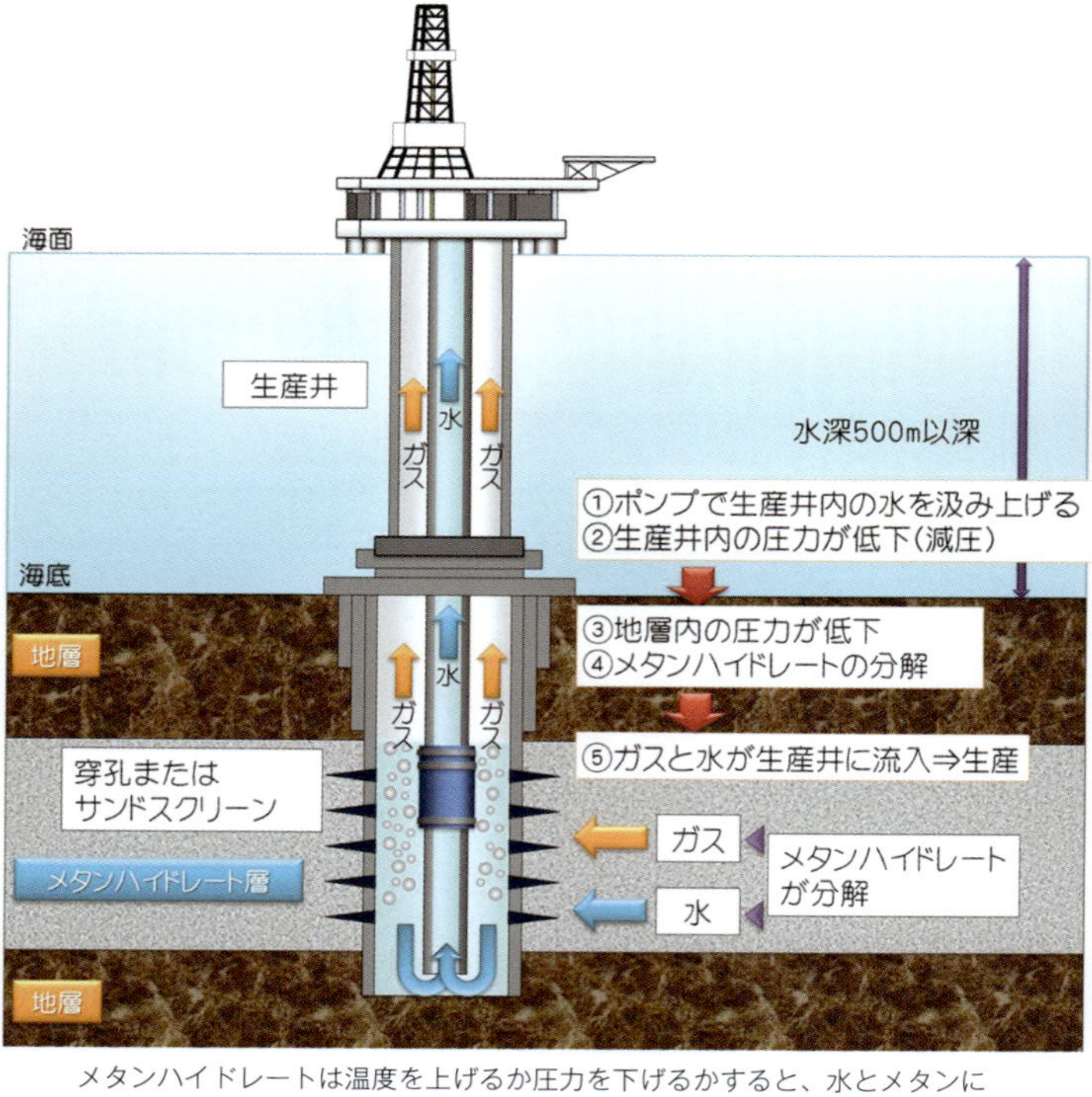

メタンハイドレートは温度を上げるか圧力を下げるかすると、水とメタンに分かれる（P 14 参照）。その性質を利用した「減圧法」は、圧力を下げてメタンを採取する方法である。上記①～⑤のステップを踏むことで、メタンハイドレートを維持安定させている圧力を減らし、水とメタンに分解させ、メタンガスを採取するという方法（提供：MH21）

目次

第一章　船舶事故がきっかけ　メタンハイドレートとの出逢い　63

第二章　メタンハイドレートがもたらすのはどんな希望？　93

第四章　開発研究者は国益を考えて　145

希望の現場とは何だろう　青山繁晴　169

目次

装丁及びP33、39〜43写真／高橋聖人

本書は二〇一三年七月にワニ・プラスから刊行された『希望の現場　メタンハイドレート』を改題し、また一部改稿と新たな書きおろしを加えたうえで新書化したものである。

一般的な基準に則って校正をしておりますが、青山繁晴の発言や「希望の現場とは何だろう」と「溶かす氷、燃やす氷――新書版あとがき」については、青山繁晴の日本語に対する信念と愛情にもとづいて、漢字、ひらがな、カタカナ、ローマ字をあえて不統一に、その文脈に即して使っています。ご理解ください。

序章

祖国の希望

メタンハイドレートとは？

エネルギー資源として利用されている天然ガスは、その主成分がメタンガスです。そのメタン分子を、水分子が籠のように囲む構造（図版①）がメタンハイドレート――ハイドレートとは化学用語で「水和物」という意味――です。この分子構造は高い圧力と低い温度の下で保たれるため、日本の周辺では、高い水圧と低い水温の海底にメタンハイドレートが賦存しています。

メタンハイドレートは、日本の周辺の海にどのように賦存しているかというと、ふたつのタイプがあります。それは、表層型と砂層型です。表層型は主に日本海側に、砂層型は主に太平洋側に多く存在しています。

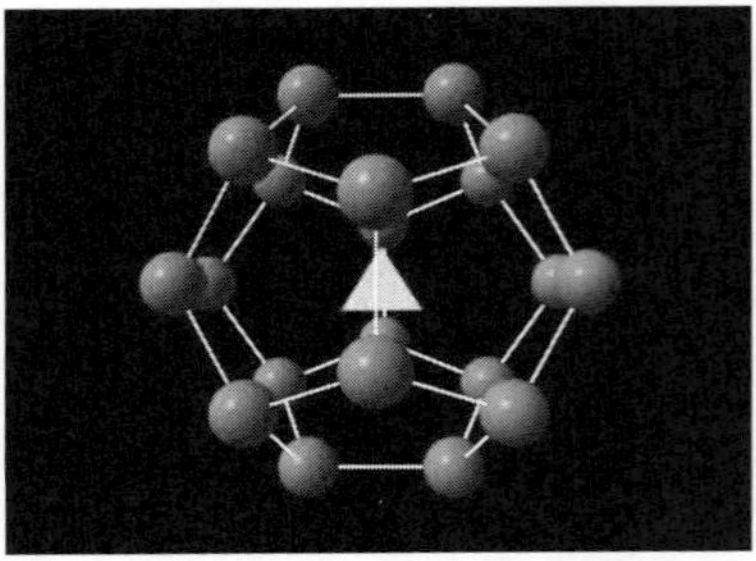

図版①　メタンハイドレートの結晶構造図。三角錐がメタン。球が水（提供：MH21）

表層型は、海底面上や海底面下一〇〇メートル程

度の浅いところにメタンハイドレートの白い結晶が、板状、脈状や塊状で存在しています。

一方、砂層型は海底面下三〇〇メートル付近の広域で砂粒と砂粒の間にメタンハイドレートが挟《はさ》まっています。

このメタンハイドレートは圧力を下げるか、温度を上げるかすれば、水とメタン（ガス）に分解します。つまりメタンハイドレートを海底から船上に引き上げれば、自然に水とメタンに分かれます。そして、このメタンを既存の天然ガス火力発電所で燃やして発電することができます。またそのまま都市ガスとして私たちの台所で使うこともできます。

電力会社の火力発電所の複数の所長にヒアリングしたところ、いまある火力発電所の最小限の改修で、メタンハイドレートのメタンを燃料として発電できるということでした。つまり既存の施設を利用できる、インフラ設備はすでに基本的にはほぼ整っているというメリットがあります。

メタンハイドレートの実用化で期待できること

では、メタンハイドレートが実用化されると、私たちにはどんな恩恵があるのでしょうか？

現在、日本の周辺海域にはメタンハイドレートがどれくらいあるか。調査された海域はまだわずかですから正確にはこれから分かっていくのですが、すでに「天然ガス国内消費量の一〇〇年分以上はあるだろう」と言われています。

この自前資源から天然ガスが生産できるようになれば、いままでのように天然ガスを輸入に頼らなくて済みます。さらに言うと、日本が天然ガスの輸出国になれるかもしれません。わが国は現在、輸出国の言い値で資源を輸入し、われわれは高い電気代やガス代を払っています。メタンハイドレートが実用化されれば、これら生活に欠かせない費用が画期的に安くなります。

また、製造業はもちろん、農林水産業、サービス業も最大のコストのひとつが電気や燃料などのエネルギーの料金です。前述のようにメタンハイドレートへの移行によってこれらの料金が安くなれば当然、企業や個人事業者の業績は良化し、景気も良くなり、より高い経済成長が期待できるでしょう。

さらにメタンハイドレートを採取するために、雇用が増え、地方経済を再生させることができます。

いままでは「資源〝輸入〟大国」だったわが国ですが、メタンハイドレートの実用化により、本物の「資源大国」になれます。ソ連の崩壊後に経済破綻に喘《あえ》いでいたロシアが復活したのは石油や天然ガスなど資源のおかげです。また、いま「シェールガス革命〔註一〕」「シェールオイル革命〔註二〕」と沸き立っているアメリカですが、資源は国を甦らせる最大のカンフル剤なのです。

資源価格は投機や思惑で大きく変動したりする側面もありますが、資源が国家経済の根幹を左右することは間違いありません。

メタンハイドレートによる火力発電所を増設すれば、原子力発電所の稼働がしばらくできない間も安心です。火力発電には温室効果ガス問題がつきものですが、その点についてもメタンハイドレートはメリットをもたらしてくれます（一一五頁参照）。

このようにメリットがたくさんあって、デメリットが少ないメタンハイドレートですが、それを取り巻く環境は決して恵まれてはいません。「祖国にとっても、われわれにとっても、子々孫々にとってもすごくいい話なのにどうして？」と思われるかもしれませんが、残念ながら事実です。

まず次章でこの三年間のメタンハイドレート研究の進捗をお話しします。その後、私がメタンハイドレートと出逢った経緯と体験したことをお話しします。

〔註一〕シェールガス……頁岩《けつがん》（＝シェール、堆積岩の一種で、層理面に平行に薄く割れやすい性質をもつ）のすきまに閉じ込められた天然ガス。北米、ヨーロッパ、オーストラリア、アジアなど広く分布する。存在自体は知られていたが、掘り出すのが困難とされていた。しかし、近年の技術開発で岩盤の水圧破砕や井戸の水平掘りといった方法が確立され、採掘が可能になった。生産量を急増させたアメリカが天然ガスを輸入する必要がなくなるなど、世界のエネルギー勢力図を塗り替える「シェールガス革命」につながるとされており、カナダ、ヨーロッパ諸国、オーストラリア、中国、インドなど世界の主要国が資源開発に乗り出している。二酸化炭素の排出が少なく、温暖化防止に役立つと期待されているが、採掘時のメタン流出や、採掘の際に使用する潤滑用の薬品が原因の地下水汚染などの環境破壊を招いているとの批判がある。

〔註二〕シェールオイル……頁岩にたまる石油。

新章

希望の新展開

撮影協力：船の科学館（海の学び舎——わくわくキッズパーク）

東京海洋大学に新学部、そして私は准教授になった

東海道を西に行くとき最初の宿場が品川でした。そこに東京海洋大学（海大《かいだい》）があります。私の母校です。現在はその同窓会組織、楽水《らくすい》会の理事を務めているので、理事会のある日は母校に出かけていきます。

二〇一五（平成二七）年九月一七日のことです。その理事会が終わり席を立ったときに、隣に座っていらした大先輩である森永勤先生から声を掛けられました。「青山さん、東京海洋大学の新学部となる海洋資源環境学部の教員の公募があるよ。あなたのような卒業生が応募したらどうかな？　あなたの研究にぴったりだと思うよ」と教えていただいたのです。

帰宅してから急いでパソコンを立ち上げ、大学のホームページを調べました。確かに来年度新設予定の新学部の教員を複数の分野で募集していました。じっくり読んでみると、そのなかで、私にぴったりの分野がありました。担当する教育分野は〈海底の金属またはエネルギー資源を専門とし、乗船によるフィールド調査を基盤とした研究を担当

し、本学が指定する基礎教育科目および専門科目の講義、実験、実習を担当する。関連して新学部および大学院における教育プログラム作成等の新学部設置準備に関する業務を担当する。〉と記載されていました。

さらに応募条件には〈1．博士の学位を有すること。2．上記「担当する教育研究分野」の教育研究内容に係わる教育経験および研究業績を有すること。3．上記「担当する教育研究分野」に関連して本学が指定する授業科目を担当、分担できること。4．大学院博士後期課程での研究指導を担当できることが望ましい。5．学部および大学院の授業および研究指導を英語で行えること。6．教育研究とともに、管理運営等の学内業務に積極的に取り組むこと。〉と記載されていました。

私は条件をひとつずつ読みながら、「博士号、はい持ってるー。教育経験と研究業績、ある。あるー。海底の金属またはエネルギー資源に関する授業科目を教えられる。できる、できるー。大学院の研究指導ももちろんできる、できる、できるー。英語での指導もできる、できる、できる、できるー」とうれしくてだんだん声が大きくなり、とうとう椅子から立ち上がり、拍手しながらその場でくるくる回っていました。青山繁子（ポメラニアン、一二歳）と一緒にジャンピングクルクルしました。「いままで長年あきらめずにやってきて良かったー」と、このとき、初めて心の底から思いました。うれしすぎてちょっと泣きそうでした。

しかし喜んでばかりいられません。公募締め切りの九月三〇日まで、あと二週間ほどしかない。提出書類はたくさんありました。履歴書のほか、現在までの教育および研究内容の要約（二〇〇〇字程度）や着任後の教育および研究に対する抱負（二〇〇〇字程度）なども書いて応募しました。一か月ほどしてから面接の連絡が届き、その後、半年近くの選考を経て、二〇一六年四月一日に私はついに母校、東京海洋大学の准教授に任命されました。

東京海洋大学の新学部は、前述のように海洋資源環境学部といいます。この分野で単独の学部は日本で初めてです。私が一〇年以上前に当時の学長に提案させていただいたのが、この学部です。実現したうえに自分がこの学部で教鞭《きょうべん》を執れるというのは、夢のようです。めちゃくちゃうれしいです。

この学部には、海洋環境科学科と海洋資源エネルギー学科があり、私は海洋資源エネルギー学科で授業と実習を受け持ちます。魚群探知機やマルチビームソナー〔註三〕といった音響機器を使い、メタンハイドレートの探査と定量的な観測を行います。また海底熱水鉱床〔註四〕にも研究範囲を広げる計画です。

私は、一〇年以上メタンハイドレートを対象に現場で調査研究してきて、若い研究者・技術者が少ないなと感じていました。「日本には資源がないから資源は輸入してくればいい」という長年の思い込みがあったのも、研究者が育たなかったひとつの理由でしょう。新学部で多くの若い研究者と技術者を育てて、社会に輩出したいです。

〔註三〕マルチビームソナー……水深や海底地形を精密に計測する音響測深機器。船底から超音波（音響ビーム）を発射し、超音波が海底にぶつかってはね返ってくるまでの時間を測り、水深や地形を精度良く計算する。また海中の魚群やメタンプルームを三次元で把握できる機能も開発されている（図版②参照）。

図版②　マルチビームソナー

〔註四〕海底熱水鉱床……海底から噴き出した熱水に含まれる金属成分が冷却されて固まり、沈殿してできた鉱床。レアメタル（希少金属）を豊富に含むことから、調査・開発が進む。日本近海では、伊豆、小笠原、沖縄などの海域で確認されている。

未来の研究者を育てる：高校生のための進路「営業」とオープンキャンパス

准教授になってから、私は、全国の高校の進路指導部に自ら営業に行っています。新学部を知ってもらい、多くの高校生に東京海洋大学を受験してもらうためです。声がかかれば、出前模擬講義にも行っています。

二〇一六年八月、東京海洋大学ではオープンキャンパスが開催されました。これから大学を受験する高校生（なかには中学生の参加者も）とその保護者のために、「本大学ではこんな魅力ある授業をしています」と実際に授業を体験してもらい、海大受験につなげるのが大きな目的です。

ここで私は、多くの生徒に東京海洋大学の新学部を受験してもらいたく、三〇分間の

写真❶　オープンキャンパスでの模擬授業

模擬講義（写真❶）と自分の研究を紹介するポスター・実験機材の展示の両方のイベントを行いました。

パワーポイントとＤＶＤを使って説明し、フィールド（現場）での探査・研究の面白さを伝えました。参加者のなかにはメモを取りながら熱心に聴講する人も見られました。新学部に対する期待の高さを感じます。講義の最後に「新しくできる海洋資源環境学部で国益のために私と一緒に研究しよう！」と締めくくりました。

つぎに「研究紹介展示ブース」についてです。模擬授業は三〇分という時間制限により、受講者からの質問を受けることができませんでした。そのかわり、展示ブースでは、見学者からの質問に詳しく答え、双方向のやり取りができました。そのやりとりのいくつかをご紹介します。

まず受験に関して「自分は二八歳ですが、本日の模擬講義を聴いて、もう一度大学を受験してやり直したいと思いました」という社会人の男性が現れました。私は「そう思うなら、行動を起こしましょう。わが国の海洋資源に関する技術者・研究者が不足しています。いまからでも遅くないので受験しましょう」と励ましました。

また、「高校で地学を習っていませんが、海洋資源環境学部に入学してから授業についていけるでしょうか?」という男子高校生もいました。「地学は、大学に入学してから勉強しても間に合います。また一、二年生のときに一般教養の授業や実習を経験すれば理解できます。新学部を受験して、一緒にフィールドで実験をしましょう」と答えました。

今回のオープンキャンパスに携わり、東京海洋大学海洋資源環境学部に対する受験生や保護者の興味の高さをありありと実感しています。多くの生徒が受験してくれることを心待ちにしています。

未来の研究者を育てる：子供達に

私は、さらに低い年齢層にもメタンハイドレートを知ってもらう活動を行っています。

未来の研究者を育てる一環です。

二〇一六年八月に、東京・お台場の船の科学館が主催する「海の学舎——わくわくキッズパーク」で、中学生以下の子供達を対象に「海からの贈り物、メタンハイドレート」のイベントを行いました。参加者は、なんと三歳が一番年下でした。ここでは、メタンハイドレート——正確にはメタン以外のガスも含まれているのでナチュラルガスハイドレートと呼びます——のペレット〔註五〕をまず触って、冷たさを感じてもらい、次にそのペレットを燃やして、子供達に見せました（写真❷❸❹）。

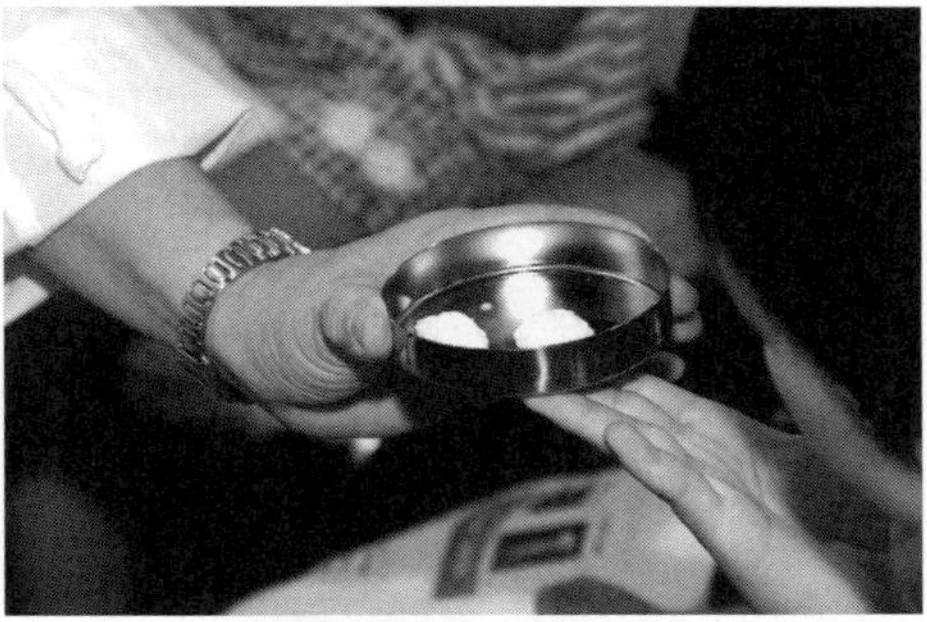

写真❷　ペレットを触ってみる。冷たい！　ペレットは三井造船からの提供

写真❸　ペレットに火を点ける

写真❹　燃えるペレット、下には水が落ちている

写真❺　「メタハイハンターゲーム」をやった

「燃える氷」を体験してもらうことで、この子供達のなかから未来の研究者がひとりでも出てくれればと期待します。

二日間で八〇人の子供達とその保護者に「燃える氷」を体験してもらいました。

イベントでは、「メタハイハンターゲーム」もやってもらいました。これはボードゲームで、独立総合研究所が製作しました。ゲームを通して資源としてのメタンハイドレートを子供達の記憶にとどめてもらうのが狙いです（写真❺）。

イベントの最後には、ゲームで自分がゲットしたキャラクターの缶バッジを作って持ち帰りました（写真❻）。みんな、い

写真❸〜❺撮影協力：船の科学館（海の学び舎――わくわくキッズパーク）

つかメタンハイドレートの研究者や技術者になって戻ってきてねー。

〔註五〕ペレット……もともとは団塊状に固めた溶鉱炉の装入原料を意味した。最近では家畜やペットの飼料、プラスチックの成形材料、原子炉の核燃料要素などさまざまな分野で球形、円柱形や俵型に固めた造粒物。

写真❻「メタハイハンターゲーム」のキャラクター達。海の中の資源トリオ、「メタハイくん」、「せきゆさん」、「さかなちゃん」（提供：独立総合研究所）

三年間の進捗、砂層型メタンハイドレート、平成二八年度二回目の試掘

さて、この三年間のメタンハイドレート研究の進捗はどうでしょうか?

最初に砂層型メタンハイドレート研究からお話ししましょう。二〇一三年三月に調査船「ちきゅう」の後部デッキから炎が出ている写真（写真❼）がニュースとして世界を駆け巡りました。「世界で初めてメタンハイドレートから取れたメタンガスの試掘に成功した」という明るいニュースでした。生産の予定は二週間でしたが、五日間で出砂《しゅっさ》（具体的には、砂が井戸の中に入り込んでしまい、目詰りした）により生産が中断しました。

写真❼　2013年3月砂層型メタンハイドレートの生産試掘（提供：JOGMEC）

　このとき、マスコミはこぞって「メタンハイドレート生産失敗」と書きたてたので、がっかりした国民が多かったと思います。
　しかし、それはマスコミの誤報です。まず、出砂の現象は石油掘削のときにも起こる現象で、とくにメタンハイドレートに限った現象ではありません。それに、これは試掘であり、完成形ではありません。このときに取得したデータを解析し、機器を改良して、今年（平成二八年度）の終わり頃に、前回と同じ愛知県沖の海域で試掘を再度行います。政府は二〇一八年（平成三〇年度）に民間企業が参入できるように準備を整える予定です。完成が待ち遠しいです。

インド政府の世界入札を落札。依然世界のリーディング・カントリー

二〇一五年に、インド政府が自国の東方海域にあるメタンハイドレートの調査研究に関して世界入札を行い、なんと、日本が落札しました。資源を輸入に頼っていた日本が、資源を輸入するのではなく開発することに関する入札で落札したのです。画期的なニュースです。

まだ生産手法は確立していませんが、日本はメタンハイドレートについては世界のリーディング・カントリーなのです。国民にとってうれしい画期的なニュースなのに、マスコミにはあまり大きく取り上げられなくて、残念でした。記者のセンスのなさを感じます。

第八回ICGH(二〇一四年)で注目、海外の動き。中国の研究、ラマン分光法

三年間の世界の動きはどうでしょう？

二〇一四年に北京で第八回国際ガスハイドレート学会（ICGH――International Conference on Gas Hydrates）が開催されました。この学会発表で一番印象的だったのは、中国の発表でした。中国の多くの研究者――ポスター発表と口頭発表を合わせてざっと一〇〇件くらいありました――が、現場の海底でラマン分光法を行うという研究を発表していました。

ラマン分光法とは、その物質の性質を明らかにする技術です。ノーベル賞を受賞したインドのラマン博士が一九二八年に発見しました。物質にレーザー光線を当てて周波数ごとに光を分けます。その分かれた光をみれば物質に何が含まれているかが分かります。だから、メタンハイドレート中のメタン分子濃度を知ることもできます。

この方法を現場の深い海の底で行うということは、陸上に物質を持ってくる手間と時間がかからないという利点があります。この方法が中国で完成したら、中国は資源とし

て有望なメタンハイドレートがどこに賦存されているかを次々と短時間で調査していくと推察されます。日本も負けていられません。

表層型メタンハイドレート：三年間の「表層型メタンハイドレート資源量調査」

次に日本海側に多く賦存しているとされる表層型メタンハイドレートに関する政府の調査についてです。二〇一三年（平成二五年度）から三年間予算が付いて調査が行われました。二〇一六年九月一六日にこの三年間の調査結果報告が資源エネルギー庁からプレスリリースされました。その概要は、〈上越沖の1箇所のガスチムニー構造を対象として資源量の試算を行い、メタンガス換算で約6億㎥の表層型メタンハイドレートの存在が見込まれるという結果が得られました（傍線は引用者による。以下同）〉と説明されています。ここで出てくる「ガスチムニー構造」とは、何でしょうか。それは音響ブランキングゾーンのことです。でも音響ブランキングゾーンとは何かがふつうは分かりませんよね。いま、お話しします。まず、サブボトムプロファイラーというものがあります。サブボトムとは海底から一〇〇メートルぐらいまでの地層のことです。プロファイラーというのは、その地層の重なり具合を超音波で調べる音響機器です。

それを使って海底下の構造を調査したときに、海底面付近に硬い地質構造（メタンハイドレートの結晶など）があると、それより深部に超音波が伝わらないため、その下がまるでチムニー（煙突）のように空洞に見えることです。

この空洞にメタンハイドレートがびっしり集積しているように誤解されがちですが、実際その内部がどうなっているのかはこの調査方法だけでは分かりません。それは電磁探査方法を使うとある程度詳しく分かります（後述）。

なぜこの一か所のガスチムニー構造を対象に資源量の試算をしたかという疑問がわきます。政府発表では〈各種の調査を進める過程で、ガスチムニー構造の内部におけるメタンハイドレートの分布が不連続で、広がりの推定が困難であることや、個々のガスチムニー構造毎に内部の様子が多様であることが分かってきました。そこで今回の試算に当たっては、評価の対象を調査海域全体とするのではなく、特定の範囲に限定することにしました。〉と説明しています。

つまり、三年間ガスチムニー構造に注目して調べてみたが、メタンハイドレートの分布の推定が困難だったから、特定の範囲に絞って試算したということです。

さらに〈具体的には、本調査を通じて多くのデータが得られていることに加え、平成25年度以前の段階で各種の学術調査が最も進んでいて塊状のメタンハイドレートの存在が既に確認されていた場所のひとつであった、上越沖の海鷹海脚中西部のガスチムニー構造を示すマウンド地形（以下「海鷹マウンド構造」という。面積約200m×250m、深さ約120mの範囲）を資源量試算の対象としました。〉と説明しています。

ここで、〈平成25年度以前の段階で各種の学術調査が最も進んでいて……〉という調査には私も二〇〇四年から共同研究者として参加し、メタンプルームの探査を行いました。

さて、話を元に戻します。どのような方法を使いデータを集めて資源量の試算を行ったが次に説明されています。〈主に3種類の方法を用いました〉とあって、具体的に説明されています。しかし専門的すぎて私たちのような研究者でないと分からないと思います。

要はこういうことです。第一の方法は現場で、第二の方法は海底の状況を地上までそのまま持ってきて計測するということです。第三の方法は、電磁波を使ってガスチムニーの内部を見るやり方です。なぜこのような方法を使うかというと、海底下と地上とではメタンハイドレートが変化してしまうから、海底下の状態を保ったまま、メタンハイドレートの状態を調べたいからです

第二の方法は、元々は日本が開発した技術だったのですが、製品化したのは英国のジオテック社だそうです。先を越されてちょっと残念です。これは日本のある研究者が無警戒にジオテック社と意見交換し、知らない間に製品化されてしまったのでした。

プレスリリースの最後に、資源エネルギー庁として、「今後は表層型メタンハイドレート回収技術を公募する」ことと、「表層型メタンハイドレート賦存状況について引き続き調査を行う」ことが説明されています。

多くの企業や研究機関が回収技術の公募に参加することを期待します。もちろん、私も応募します。

しかし実は、政府の調査自体に疑問があります。なぜガスチムニー構造だけを調査対

象にしたのでしょうか。調査対象はもっと多様なはずです。例えばメタンプルームを調べれば、メタンガスを含んだ流体（液体と気体が合わさったもの）が常に地球内部から供給されていることが分かるはずです。それなら資源量に希望が持てます。特定の学者に依頼した政府調査はまるで希望を拒んでいるかのようです。

課題：繋がっていないパイプライン

自前資源であるメタンハイドレートから天然ガスが生産できるようになれば、それを運ぶためのパイプラインが必要です。しかし、パイプラインは日本では一部しか繋《つな》がっていないのです。いままでは天然ガスを輸入に頼ってきたので、外国から天然ガスを火力発電所の近くの港に船で運んでくれば、発電所に直ぐに送り発電できたので、陸上のパイプラインが繋がっていなくてもあまり問題はなかったのです。

しかし、わが国の周辺海域でメタンハイドレートの生産が始まれば、最寄りの港からパイプラインで火力発電所まで運ぶ必要が出てきます。政府には、生産方法の開発と並行してインフラ整備も計画的に検討してもらいたいです。

政府に先駆けて、京都府と兵庫県は、二〇一五年九月に「北近畿エネルギーセキュリティ・インフラ整備研究会」を立ち上げ、北近畿におけるLNG（液化天然ガス）パイプライン整備やLNG受入基地整備について検討してきました。これは、現参院議員の青山繁晴が独立総合研究所の社長時代に提案したことに基づきます。

研究会は京都府の舞鶴港と兵庫県の三田市を結ぶパイプラインをつくるよう政府に提言しました。

「日本海連合」の活動

二〇一二年に発足した「日本海連合」（一〇一頁参照）は、毎年、国との対話を行っています。地元の雇用促進や地域産業振興に繋がる対話です。また平成二七年度まで毎年「メタンハイドレート採掘技術アイデアコンテスト」を実施していて、中学生から一般の人まで、すばらしい生産手法のアイディアが寄せられました。最優秀賞のいくつかを紹介します（図版③④）。
それから、二〇一五年に「日本海連合」の一員である京都府は、日本海沖で賦存が確認されているメタンハイドレートをはじめとした海洋エネルギー資源の開発促進を図る目的で、国内外の海洋エネルギー資源開発の動向と現状、課題について独自で調査を始めました。「京都府日本海沖海洋エネルギー資源開発に係る調査等業務」についてプロポーザル方式〔註六〕で募集を行い、府民のメタンハイドレートへの認識を将来につなげていきます。

〔註六〕プロポーザル方式……複数者に目的物に対する企画を提案してもらい、そのなかから優れた提案を行った者を選定すること。

中学生の部　最優秀賞

海底エレベーター

- 海底エレベーターの仕組みは図のようになっている。海底の表層型メタンハイドレートをブルドーザーですくいとり、海底エレベーターのかごに入れる。そして、エレベーターを上昇させる。浅いところにつくと水圧が低くなるのでメタンハイドレートがメタンガスの泡と水になる。その泡を漏斗で集めてホースに通し、ポンプへ送る。このポンプには弁がついていて、灯油を石油ストーブに入れる時に使う道具のようになっている。ポンプに十分な量の気体がたまると、クレーンからおもりを落とし、ポンプを圧迫させて気体を陸地の工場へと送る。かごの中のメタンハイドレートが消滅するとエレベーターを海底へ戻す。これを繰り返す。

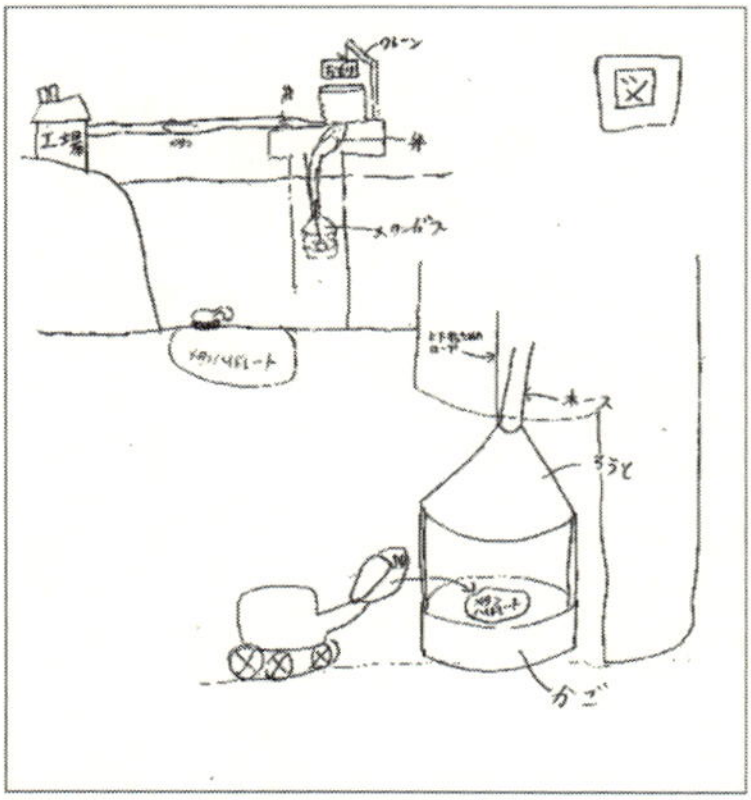

図版③　メタンハイドレート生産技術アイデアコンテスト。中学生の部最優秀作品。土木的に採ってエレベーターに載せて船上に揚げる方法〔吉井琢人さん〕（提供：「日本海連合」）

高校生の部　最優秀賞

膜構造によるメタン回収方法

装置概要は図のように海面には船底下に設置する汽水分離タンク及び海面付近の暖かい海水（以下、温海水という）を海底に送るポンプ。海底にはハイドレートの分解によりできるメタンの気泡を捕集し、又、採掘部周辺の海水温度環境を隔離する断熱膜を有し、断熱膜の端には膜内面に緩やかな温海水の流れを作る海水噴射ノズルが全周に亘って設置され膜内に汽水層・温海水層・冷海水層を作ります（図2参照）。断熱膜はガスの浮力、温海水の比重差による浮力、深海の海流等による力から膜を固定する押えネットとこれを固縛するアンカー杭を伴います。

ハイドレート層には層底部近くに達する二重管が埋め込まれ、その外管には3～5mmΦ穴が等間隔で千鳥に孔けられています。内管はストレートに二重管底部まで導かれ開口しています。二重管はハイドレート層の規模により数十本埋め込まれ、内管は夫々船上のポンプより温海水を海底まで送る断熱降下パイプに接続され管底部より温海水を噴出させます。二重管の外管・内管の間隙部には底部から温海水が上昇し外側の多数の穴を通じてハイドレートを分解し、汽水混合体として同じく侵入してくるであろう夾雑物を伴い二重管上部の開口部より噴出されます。噴出した汽水混合流は断熱膜により周辺環境より若干温度の高い環境下にある海水の中で汽水混合状態を維持し断熱膜内側上部に上昇、同頂部に接続された汽水混合上昇パイプにより船下の汽水分離タンクに導かれメタンガスと海水に分離、ガス成分のみ処理装置に送ります。汽水分離タンクは海面下に位置するため海水とタンク内液面との水頭差並びに汽水と海水の比重差により上昇パイプより自然にタンク内に流れ込みます。但し、タンク液面を一定にするためタンクに流入する海水を排出する排水ポンプが必要です。

装置概要図　図1

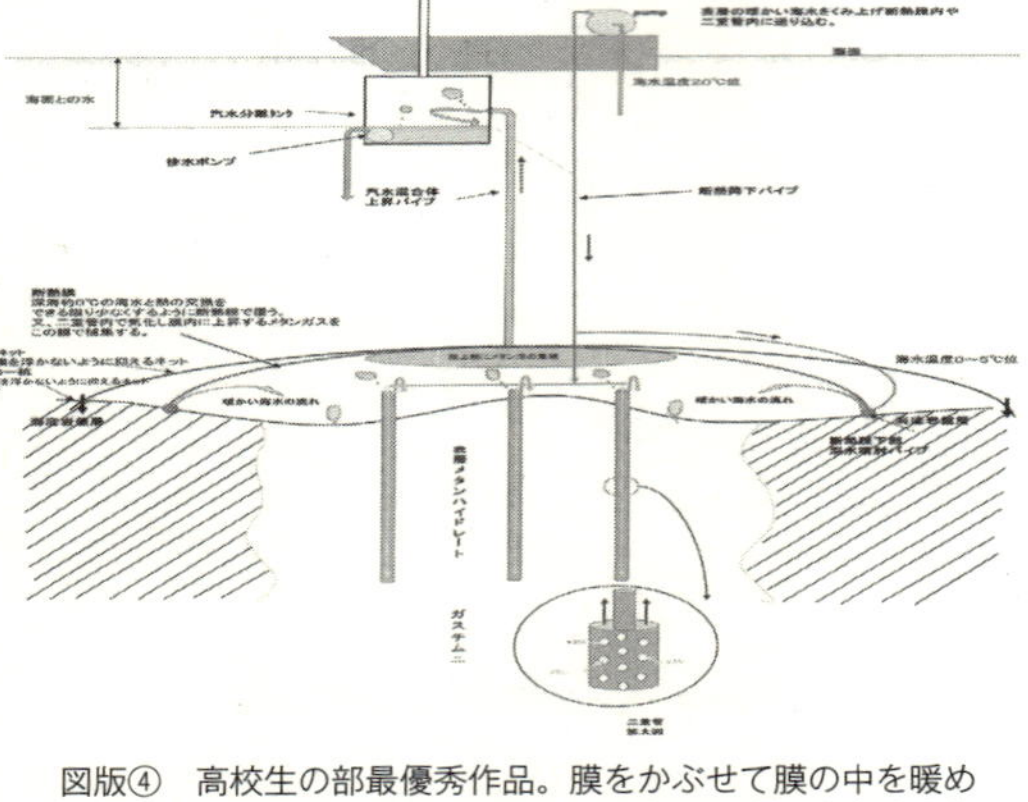

図版④　高校生の部最優秀作品。膜をかぶせて膜の中を暖めてガスに変える方法〔古賀寛人さん〕（提供：「日本海連合」）

私の研究：和歌山県沖の海中にガスプルーム。その経年観察

私は、二〇一二年（平成二四年度）から和歌山県とのメタンハイドレート共同調査を実施しています。太平洋側の潮岬沖の海域の水深一七〇〇メートルの海底からガスプルームが複数発見されました（図版⑤）。今年（二〇一六年）で五年目になりますが、毎年ガスプルームは途絶えることなく確認されています。今後も継続して観察していき、今後はメタンセンサーなどを使ってプルームが何で出来ているかの確認と、その成因、起源まで調べていきたいです。

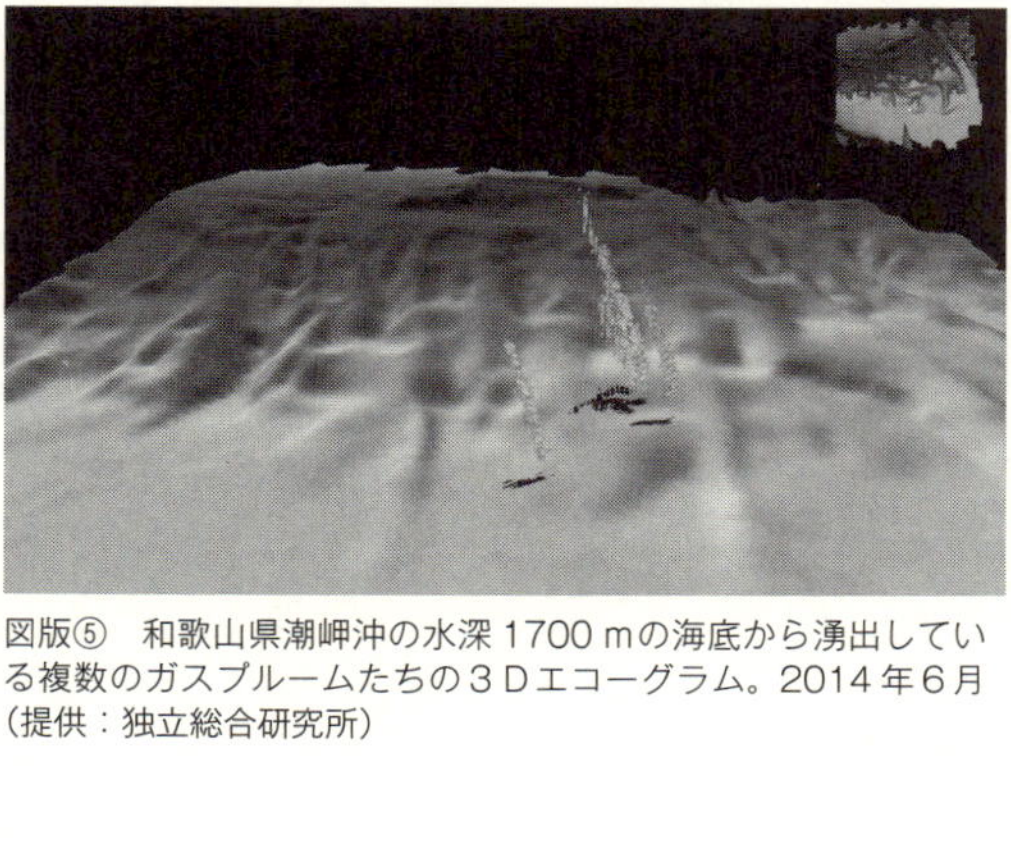

図版⑤　和歌山県潮岬沖の水深 1700 m の海底から湧出している複数のガスプルームたちの３Ｄエコーグラム。2014 年６月（提供：独立総合研究所）

私の研究：新潟大学との共同研究：メタンプルームからメタンハイドレートを採取、環境を改善する。おまけに資源として使う

二〇一五年（平成二七年度）に新潟県と新潟県庁との共同研究では、佐渡北東沖の海域で、ある実験を行いました。それはガスプルームの中のガスを集めて船上に送る方法の試みです（写真❽❾・図版⑥）。

この方法を考えたきっかけはふたつあります。

ひとつ目は環境への影響を減らすこと。メタンハイドレートが賦存している海域では、しばしば海中にメタンプルームが観察されます。このメタンプルームに含まれるメタンハイドレートの量を見積もったところ、同じメタンプルームが沢山《たくさん》（一・四×一〇の五乗平方メートル分）あったとしたら、わが国の天然ガス一年間の利用量に匹敵する量でした。

この量のメタンが水中に溶け込んで大気中に出続けていると考えると、温室効果による環境への影響は大きいと推察できます。メタンガスの温室効果は二酸化炭素（CO^2）

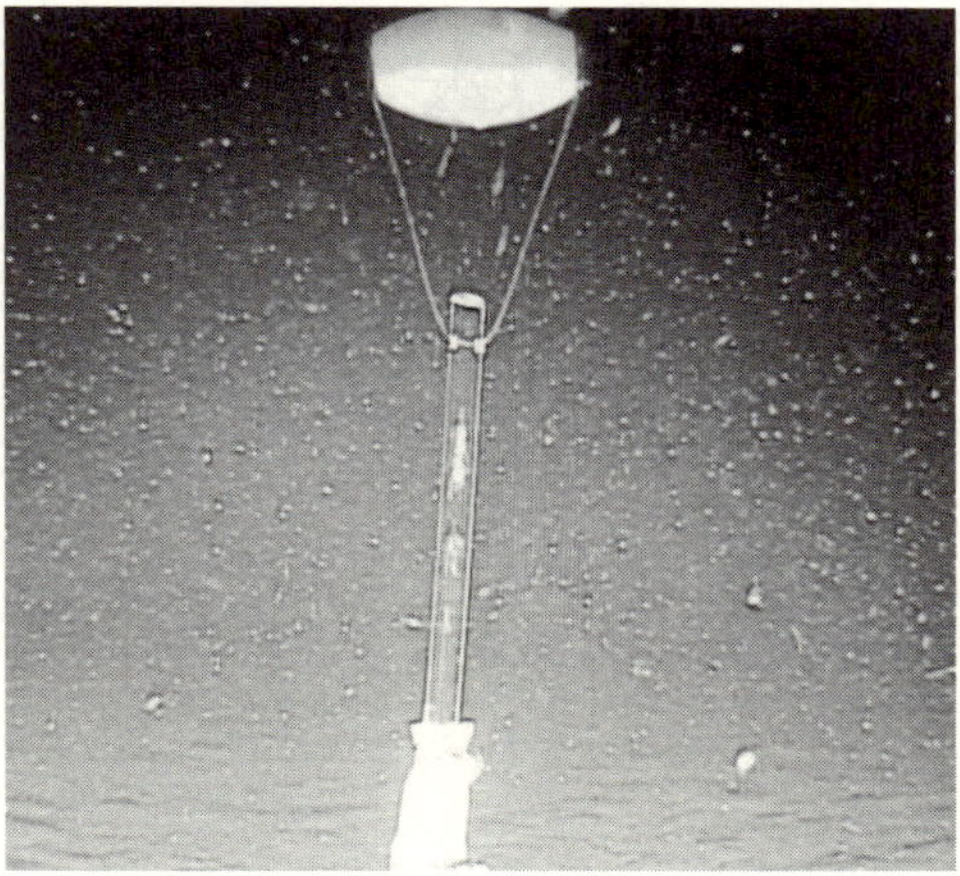

写真❽　新潟県佐渡北東沖の水深 200m の海底から湧出しているガスバブル。2016 年３月（提供：新潟大学福岡浩教授）

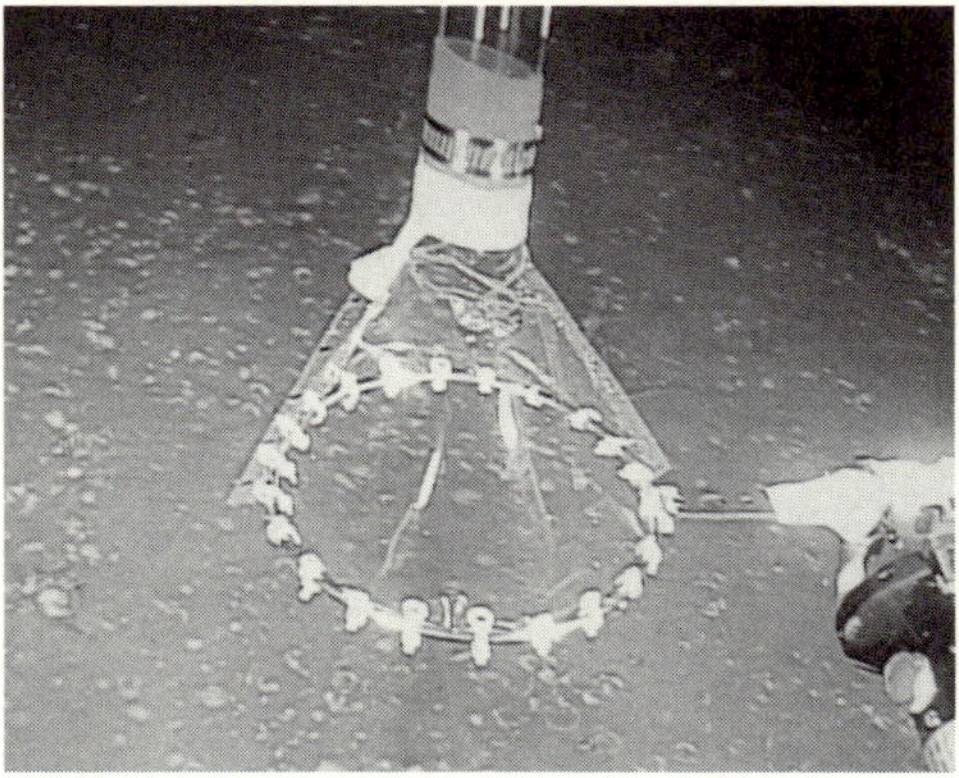

写真❾　同じ海域にて、コーンでガスバブルを捕集し、コーン上部のパイプの中をバブルが浮上している様子（提供：新潟大学福岡浩教授）

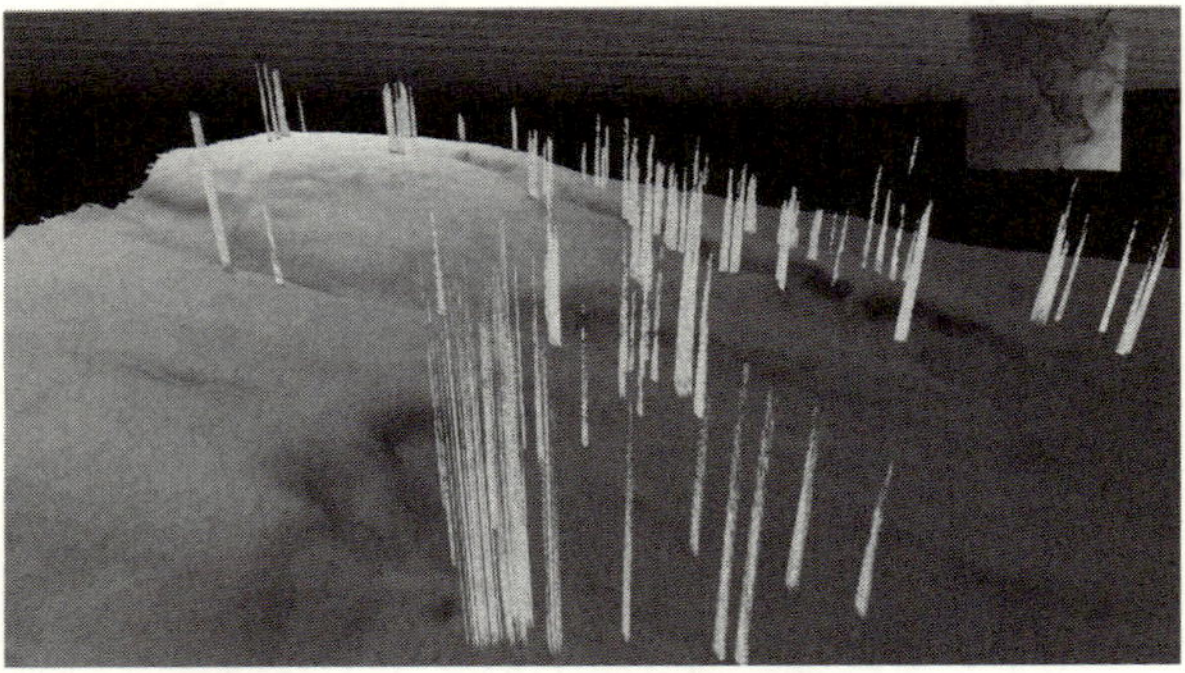

図版⑥　新潟県佐渡北東沖の水深140mから450mの海底面から海中に湧出しているガスプルームの３Ｄエコーグラム。2016年３月（提供：独立総合研究所）

の二五倍に達するからです。メタンプルームは使ったほうが、つまり燃やして発電したほうが、温室効果を大きく軽減できるということになります。

ふたつ目は、海底下の表層型メタンハイドレートを採掘するには、漁業権の交渉が必要になることです。交渉に時間がかかるうえに、カニなどを減らさない方策も必要になるからです。

メタンプルームは、自然に海中に噴出している、いわゆる自噴と言ってもいいと思います。メタンハイドレートは自噴しないから採取しにくい、使えないと言っている旧来の学説や政府の従来の考えは間違いだと考えます。それを海

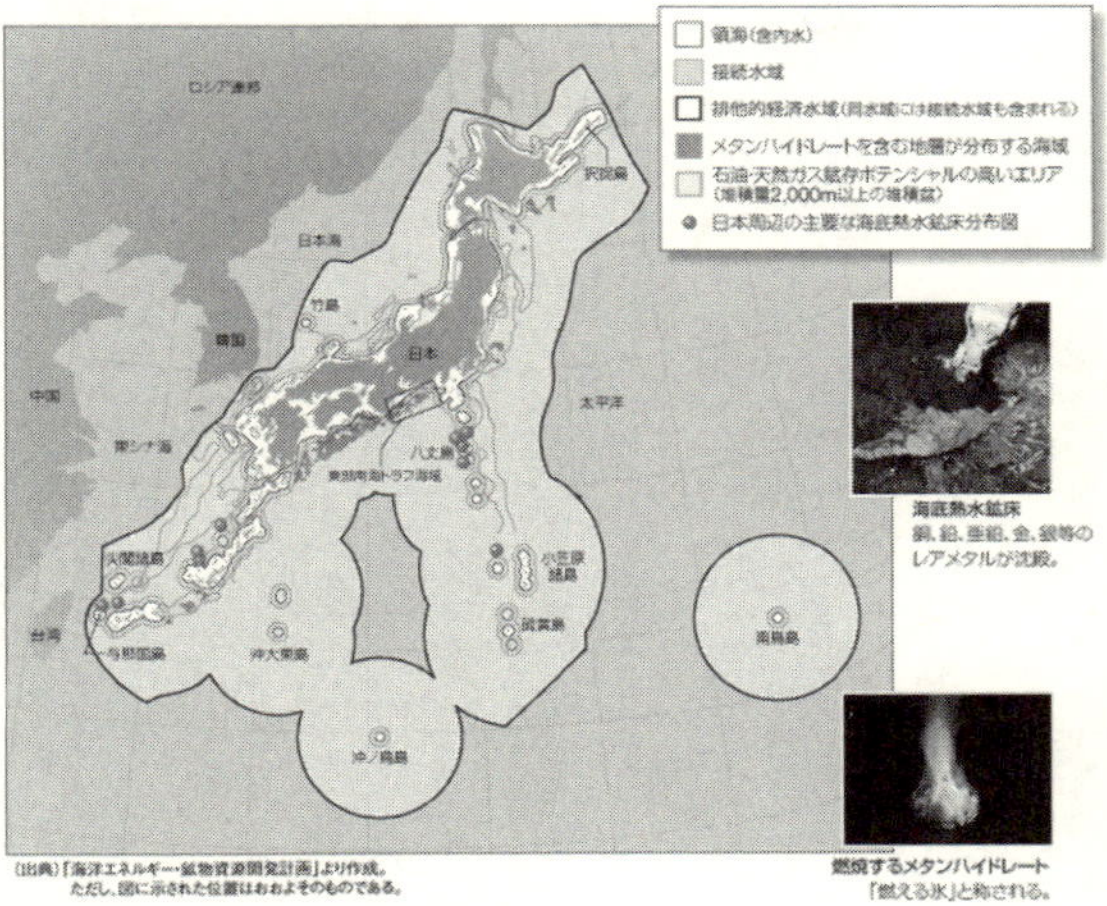

図版⑦　日本の周辺の排他的経済水域内に賦存するエネルギー資源（国土交通省ホームページより）

中で集めて取るだけなら、漁業権の交渉は必要ありません。生物に対しても悪い影響はありません。環境にも良い、ついでに資源として使える。一石二鳥の方法です。今後この方法を完成させたいと考えています。

最後に、図版⑦を見てください。これは日本周辺の排他的経済水域の海底下に眠る、多くのエネルギー資源を示す図です。国土交通省がまとめました。

この図を見る限り、日本は、資源小国ではありません。自前資源を使うこと、またその生産技術を輸出することで、新たな経済成長が創出されるのです。

第一章

船舶事故がきっかけ メタンハイドレートとの出逢い

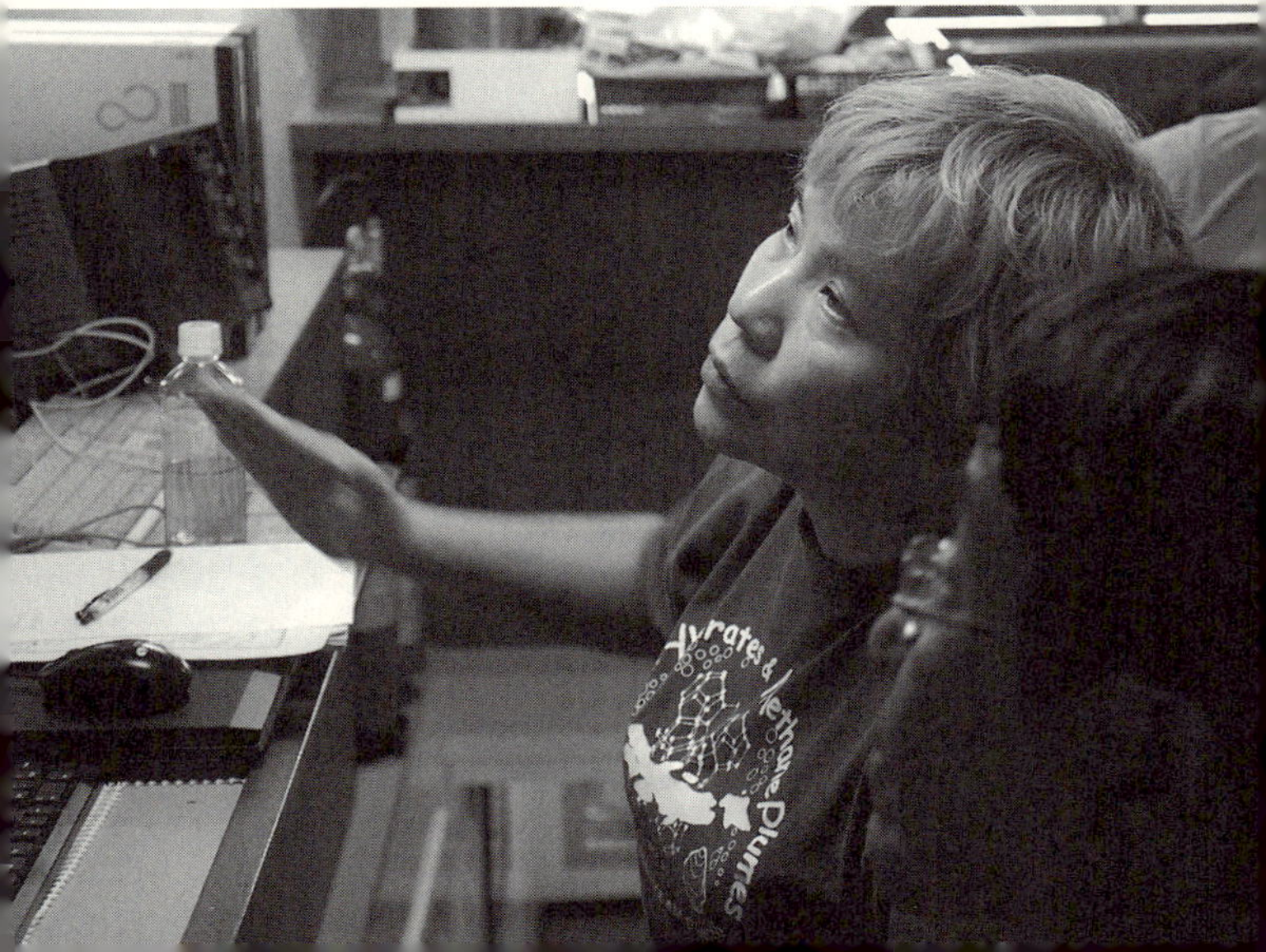

ナホトカ号重油流出事故と海中スカイツリー

一九九七（平成九）年一月二日、大時化《おおしけ》の日本海の島根県沖でロシア船籍のタンカー、ナホトカ号が沈没しました。〔註七〕積んでいた重油が大量に流出して、海鳥が油まみれになったり、漁ができなくなったりして、きれいな日本海に大きな被害をもたらしました。船体の一部は海岸に流れ着きましたが、船体の大部分が重油を積んだまま深さ約二四〇〇メートルの海底に沈んだのです。

海底に沈んだ船体から油が出て、海面に浮上しているのが確認されていましたが、船内にどれくらいの油が入ったままなのか分からない状況でした。

当時、私は母校・東京水産大学〔註八〕（水大、現・東京海洋大学）で博士号を取ったばかりで、水大で研究生（ポストドクター、いわゆるポスドク）をやっていました。専門は水中音響学です。魚群探知機から発する超音波で、魚ではなく海底の地形や地質を判別する研究をしていました。一三頁の写真㉒のように、海底が岩か砂か泥なのかを含め、地質が魚群探知機で分かります。

船底についている魚群探知機の送受波器から超音波を海底に向けて発射すると、海水と密度と音速が違うところ、たとえば岩や砂で超音波が散乱して戻ってきます。戻ってくる度合いは、岩や砂で異なります。度合いが異なることを利用して、地質をさまざまに判別することができるのです。

写真⑩　海鷹丸。漁業調査船なので、魚群探知機を搭載している

　沈没したナホトカ号の船体からどれだけの重油が漏れて浮上しているのかが分からず、大問題になったとき、「魚群探知機を使って魚以外の研究をしている青山に突き止めさせよう」ということになり、私に声がかかりました。それで水大の船、「海鷹丸《うみたかまる》」（写真⑩〔註九〕）でほかの研究者と一緒に日本海の現場海域に調査に向かったのです。

　そしてナホトカ号から浮上する重油を魚群探知機で捉え、だいたいどのぐらいの量が浮上しているのかを報告できました。調査は成功しました。

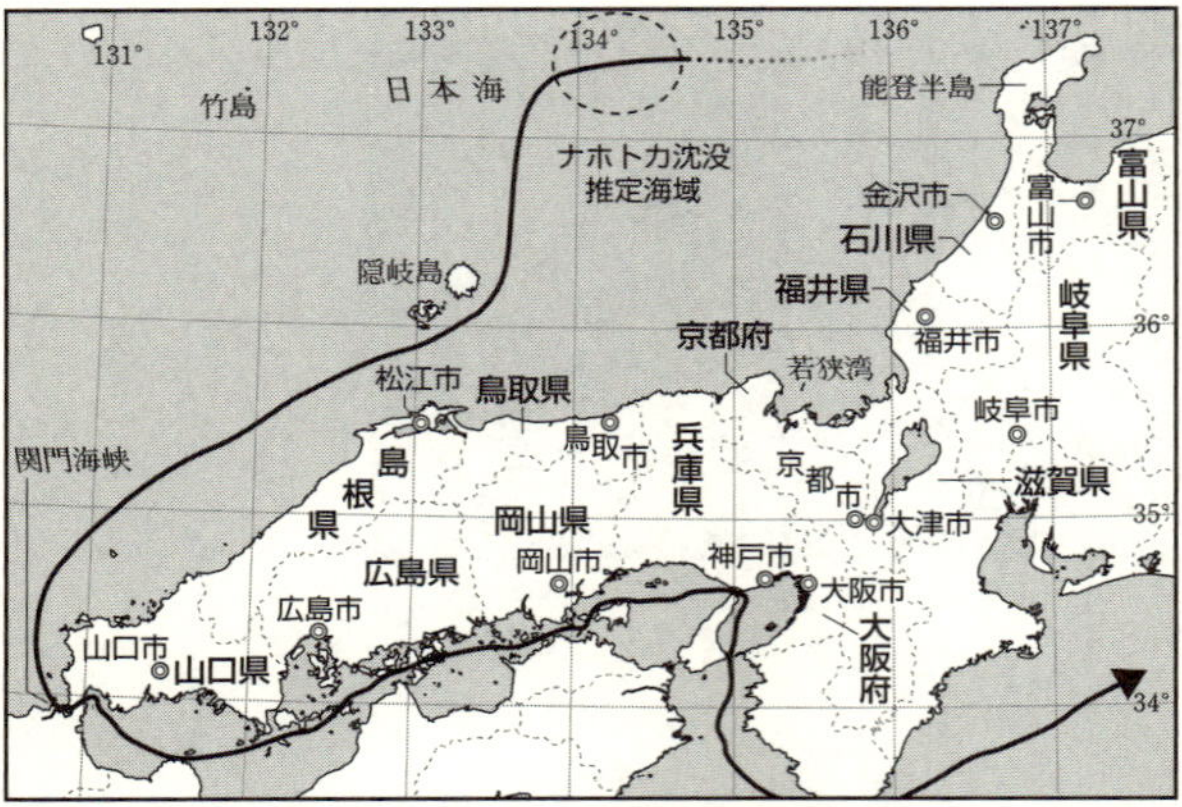

図版⑧　ナホトカ号調査終了後、日本海を西へ航行して帰京

さて、この探査が終わり、東京への帰り道の話です。日本海から東京へは、西回りで帰りました（図版⑧）。

その途中、航走中も魚群探知機をつけたまま海底と海中のデータを取っていました。その際、竹島にも近い隠岐の東海域を通過中に、平坦な海底からろうそくの炎のような形の高まりがありました（写真⑪）。その高まりの高さを計測したら、実に約六〇〇メートルもありました。こんなに縦に長く連なる魚群は見たことも聞いたこともありません。そこで、同乗していた教授にこのろうそくの炎状の高まりを見てもらうと「これは下から何か出ているね。熱水か

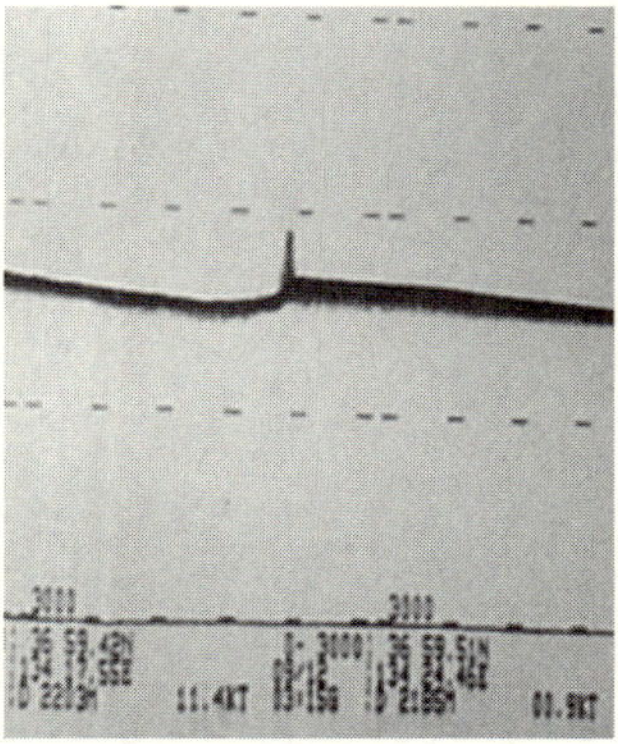

写真⓫　初めて出逢った、メタンプルームはこういうものだった（水深 2400m、日本海、1997 年、海鷹丸3世）

ガスではないかな」とさらっとおっしゃいました。教授は資源にはあまり興味がなかったようです。私は小さいころから地学が大好きでしたので、「これは、大発見かもしれない。絶対この正体を知りたい！」と、このときひとり、わくわくどきどきしました。

　このろうそくの炎状の高まりこそが、実は海底から浮上しているメタンハイドレートの粒の集まり、メタンプルームだったのです。

　このときに見つけてから七年をかけて、その正体がメタンハイドレートの粒の集まりであることが分かっていくのです。

〔註七〕ナホトカ号が沈没しました……「ナホトカ号重油流出事故」——一九九七年一月二日未明、

島根県隠岐島沖の日本海で発生した、船舶沈没・重油流出事故。大時化の日本海で、中国・上海からロシア・ペトロパブロフスクへ向けて航行中だったロシア船籍のタンカー、ナホトカ号が、右舷前方から巨大な波を受け、真っ二つに折れた。船体の大部分は水深約二四〇〇メートルの海底に沈没、船首は浸水して傾き、半沈没状態となった。折損した部分から、積んでいた重油約一万九〇〇〇キロリットルのうち、約六二四〇キロリットルが流出。自衛隊、海上保安庁、自治体職員、ボランティアなど延べ約三〇万人がバケツやひしゃくで回収作業にあたり、大量の重油を除去した。

〔註八〕東京水産大学……国立一期校（東京都港区港南に所在）。一八八八（明治二一）年開設。水産学部のみ設置されていた。幾度か学科改組を経て、二〇〇三年にやはり一二〇年以上の歴史を持つ東京商船大学と統合、東京海洋大学となり、現在に至る。ちなみに青山千春は東京水産大学船海コース第一号の女子学生で、日本女性で大型船の船長の資格を取ったパイオニアである。

〔註九〕海鷹丸……東京海洋大学海洋科学部が管理する海洋調査船・練習船。現在は四代目。日本近海、太平洋、インド洋、大西洋、南極海などで学生の乗船実習教育や調査研究を行っている。トロール装置など漁業用の装置や魚群探知機など計測装置を積載している。

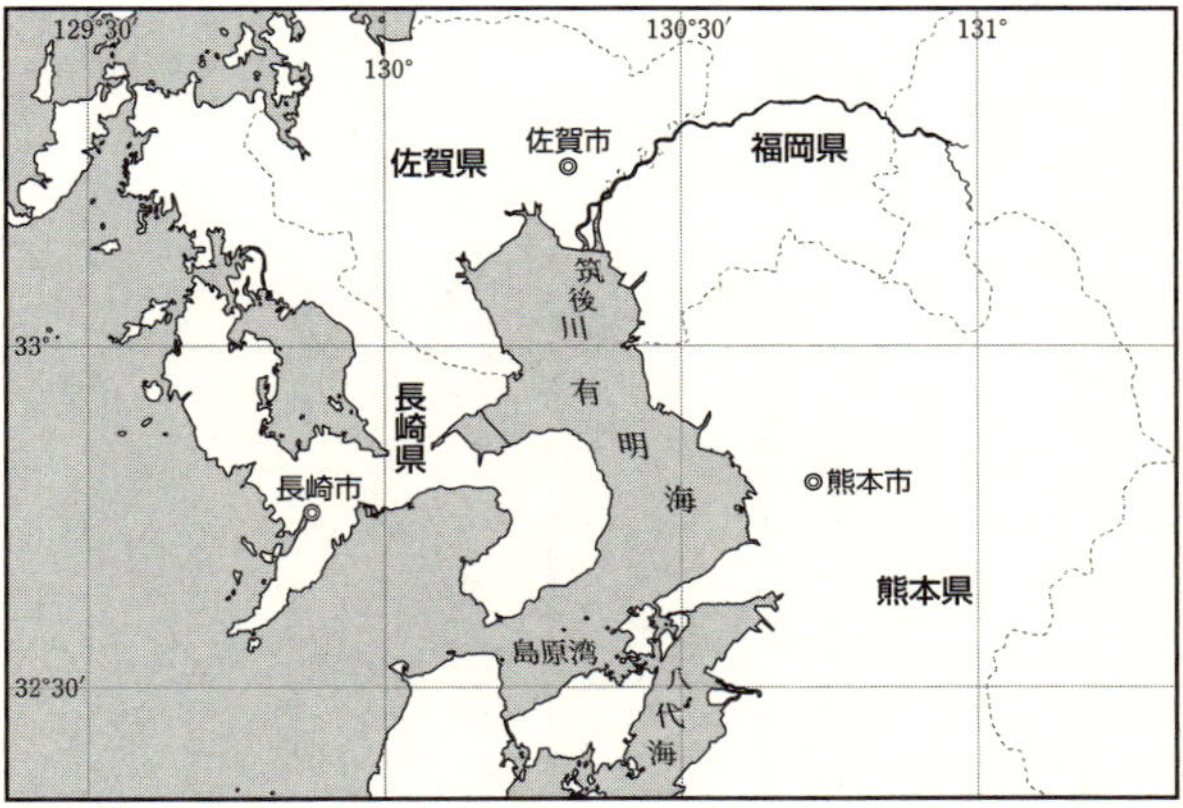

図版⑨　有明海

それは……メタンハイドレート?

私は、研究生のあと、アジア航測株式会社〔註一〇〕の総合研究所に研究員として入社しました。海流のシミュレーションモデルの開発担当でした。そのシミュレーションモデルを熊本県・有明海（図版⑨）の干潟に応用できないか熊本大学工学部の教授のところに共同研究の相談に行ったのが二〇〇三年のことです。

熊本大学と共同研究することになり、そのキックオフ会合のときに、初めて地質学の研究者に出会いました。熊本大学理学部の教授で、かつては石油会社に勤務されていた経験があります。

この教授とは同世代ということもあり、地質学の話で盛り上がりました。そのときに私は、いつか地学の研究者に出会ったら訊いてみようと思っていた質問を投げました。

「何年か前に、日本海の隠岐の東側で、魚群探知機を使って海底からろうそくの炎のような形状の高まりを観測しました。それってなんだと思いますか?」

すると教授は、「あっ、それは、ガスが海底から出ている可能性があります。メタンハイドレートの専門の先生が東京大学の理学部にいるから、紹介しますよ。一度訪ねてみてください」ということでした。


〔註一〇〕アジア航測株式会社……大手の航空測量(物を立体的に見るように、同じ場所を違う角度から撮影した複数の写真を、幾何学的に精密に解析することによって、航空写真に写っているさまざまな地物を正確に計測すること)の会社。東京都新宿区に本店を、神奈川県川崎市麻生区に本社を置く。

東京大学との共同研究の始まり

熊本大学理学部の教授から紹介された東京大学理学部の教授の研究室を訪ねました。二〇〇三年のことです。研究室は幅三メートル、奥行き六メートルほどの広さでしたが、その左右の壁一面に本棚が置かれていて、そこに天井までびっしりと本や報告書が詰め込まれていました。部屋全体が超アカデミックな雰囲気でした。さすが東大、とわくわくしました。

「魚群探知機を使って日本海の隠岐の東側でこのような高まりを観測しました。これはなんでしょうか？」と申し上げたら、教授は「青山さんはこれをなんだと思いますか？」と逆に質問をされました。「調査当時、水大の指導教官と協議しました。その結果、『熱水かガスが海底から湧出しているのでは？』という推測をしました」と言うと、教授は、「魚群探知機で海中の様子がこんなによく分かるんですね。目からウロコです」とおっしゃいました。

さらに続けて、「隠岐の東側だとメタンハイドレートの可能性があります。最近、新潟県上越市の直江津港沖の海底にメタンハイドレートが存在する海域があることが分かりました。そこに調査に行きたいと考えています。今度、一緒に現場に行きませんか？」とおっしゃいました。

そこから、私のメタンハイドレート調査研究が始まりました。二〇〇三年のことです。

魚群探知機でメタンプルームを見つけると……

共同研究を始めるにあたり、まず調査船をチャーターする必要があります。当時、魚群探知機を搭載した地質調査船は、私が調べた限り、国内にはありませんでした。地質調査船のひとつ、独立行政法人石油天然ガス・金属鉱物資源機構[註一二]（Japan Oil, Gas and Metals National Corporation：ＪＯＧＭＥＣ）所有の「第二白嶺丸《はくれいまる》」（写真⓬）には、海底だけを表示する音響装置がありました。これは水深を測るための装置です。それを魚群探知機の代わりに使えないかどうか、私は第二白嶺丸に調べに行きました。

しかし残念ながら、海底だけが表示されて、海中の様子は表示されない装置でした。

このように、地質調査船には海中の様子が分かる魚群探知機のような装置が配備されていなかったのです。

写真⑫　第二白嶺丸。地質調査船なので、魚群探知機を積んでいなかった。すでに廃船となり、現在は「白嶺」が運行中（提供：JOGMEC）

このとき、東大の教授が「目からウロコ」とおっしゃった意味が実感できました。海洋地質の研究者は、それまで海底や海底下の様子は詳しく観察していましたが、海中の様子は観察していなかったのです。ここで「異分野の共同研究は価値があるんだ」と実感しました。

教授に、「地質調査船がだめなら、魚群探知機が必ず装備されている水産調査船を使いませんか。水大の海鷹丸はいかがですか？」と提案しました。教授は、初めは「（メタンハイドレートや海底堆積物を採取する方法である）ピストンコアリングは初心者にはとても無理な作業で

写真⓭　船尾にある逆U字型の装置がAフレーム。このフレームが船尾方向に倒れて、その先端にピストンコアラーを吊り下げ、海中に投入する。この船は海洋調査船なつしま（P76参照）

す。それにピストンコアラー（一〇頁写真⑯）と重いおもり（約六〇〇キロ）を吊り下げて海中に投入するための装置（Aフレームといい、船尾にある装置〔写真⓭〕）は海鷹丸にはありますか?」と消極的でした。

　しかし、私は長年海鷹丸を利用していて乗組員の高度な技術力を知っていたので、「Aフレームはありませんが、海鷹丸には船尾に漁網を引き上げるための装置があります。また乗組員の高い技術力で工夫すれば必ずできると思います。海鷹丸船長をご紹介します。一緒に海鷹丸に行きましょう」とおすすめしました。

　当時の海鷹丸船長は私が大学四年生の乗船実習のときには二等航海士でした。そのころからの長いおつきあいのうえ、とても研究熱心な船長でしたので、この共同研究の話もすんなり進みました。

これで、船の調達もうまくいきました。

いよいよメタンハイドレート調査航海に出ました。二〇〇四年七月のことです。

メタンハイドレートがある可能性が高い海域に到着し、船速を低速にして魚群探知機で探査を始めました。

先述のように、メタンハイドレートの調査のときにはピストンコアリングという方法でメタンハイドレートを採取します。コアラーをメタンハイドレートがあると思われる海底に打ち込んで、船上に引き上げるのです。引き上げたあと、筒をウナギのお腹を裂くように半割（九頁写真⑬）すると、中に海底の土や砂、石などが入っています。メタンハイドレートがその海底に在ると、コアラーの中に堆積物と一緒に入ってきます。

以前、魚群探知機を使っていなかったころは、これを一〇〇本打ち込んで、そのうちの一本でもメタンハイドレートが採れれば良いほうだったそうです。すごく効率の悪いやり方でした。

一方で魚群探知機を使うと、メタンプルームを見つけることができます。このメタンプルームですが、表層型メタンハイドレートのある位置を示してくれます。メタンハイドレートのあるところからメタンハイドレートの粒が浮上しているわけですから、メタンプルームのある所を狙ってピストンコアリングを行うと、高い確率でメタンハイドレートを採ることが可能です。

メタンプルームは一般の漁船に積まれている魚群探知機でも見つけられます（一三頁写真㉓）。

二〇〇四年の共同調査で、魚群探知機の画面に初めて巨大なメタンプルームが現れたときには、うれしくて心臓がはち切れそうでした。そしてそのメタンプルームの中にピストンコアリングを行うことで、メタンハイドレートをたくさん採取することができました。船上でメタンハイドレートの塊がピストンコアラーから出てきたときには、参加した研究者は全員大興奮でした。多くの研究者は日本海で天然のメタンハイドレートを見たのはこれが初めてでした。

さて、共同研究グループは、二〇〇五年から、文部科学省所管のＪＡＭＳＴＥＣ（海洋研究開発機構〔註一二〕）が所有する、研究調査船も使用して調査を行いました。無人探査機の「ハイパードルフィン」（写真⓮）の母船である「なつしま」という海洋調査船（写真⓯）にも乗船しました。

写真⓮　ハイパードルフィン。左下にある腕のようなものが、マニピュレータ（P131 参照）

写真⓯　なつしま

ハイパードルフィンをメタンハイドレートの粒が湧出している所に誘導するのはとても大変でした。一年目は湧出口にたどり着けませんでした。二年目にはなつしまに魚群探知機が装備されましたが、その力を借りても湧出口にたどり着くことができませんでした。湧出口を見つけたのは三年目のことです。それでメタンプルームの正体は、メタンハイドレートの粒の集まりであることが分かりました（九頁写真⑭）。

〔註一一〕独立行政法人石油天然ガス・金属鉱物資源機構……石油及び可燃性天然ガスの探鉱等並びに金属鉱物の探鉱に必要な資金の供給その他石油及び可燃性天然ガス資源並びに金属鉱物資源の開発を促進するために必要な業務並びに石油及び金属鉱産物の備蓄に必要な業務を行い、もって石油等及び金属鉱産物の安定的かつ低廉な供給に資するとともに、金属鉱業等による鉱害の防止に必要な資金の貸付けその他の業務を行い、もって国民の健康の保護及び生活環境の保全並びに金属鉱業等の健全な発展に寄与すること（独立行政法人石油天然ガス・金属鉱物資源機構法三条）を目的にしている。

〔註一二〕ＪＡＭＳＴＥＣ（海洋研究開発機構）……独立行政法人海洋研究開発機構（Japan

Agency for Marine-Earth Science and Technology）、文部科学省所管の独立行政法人。最先端の技術を駆使した装置を搭載した、複数の調査船や潜水船などを用いて、海洋、大陸棚、深海などを観測研究する。さらに、スーパーコンピュータを用いて、気候変動や地震などに関するシミュレーション研究も実施している。

暖簾に腕押し

私は二〇〇四年から、学会や学術的な報告会などで研究成果を発表し始めました。

「メタンハイドレートは日本海側と太平洋側とでは賦存状態が異なります。日本海側は海底表面や海底の下一〇〇メートルくらいまでの浅いところにメタンハイドレートの結晶が塊状で存在します。メタンハイドレートのある海域ではメタンハイドレートの粒が海中に湧出し、時速約六〇〇メートルで浮上していきます。

魚群探知機でその粒をメタンプルームとして見ることができます。つまり、このメタンプルームはメタンハイドレート探査のよい目印になります」というようなことを発表したのですが、当時は政府が太平洋側メタンハイドレートの生産開発に集中して予算をつけていたため、新しく確認された日本海側メタンハイドレートの調査研究に関しては、「まずは太平洋をやってから」と後回しにされました。

太平洋側のメタンハイドレートについては、二〇〇一年に官民学共同のメタンハイドレート資源開発研究コンソーシアム（MH21）が組織されており、このMH21が中心になって研究開発が進められていました。いわば国を挙げての研究開発です。

この段階ですでに二〇一六年（その後、二年延長され、二〇一八年までとなった）までの研究計画ができあがっていました。一度計画したら、新しく確認された日本海のメタンハイドレートが有望であったとしても、そちらに急に舵《かじ》を切れないのは、まさに後述する〝日本の特徴〟だと思いました。理解できませんでした。

日本海のメタンハイドレート調査も公平に

さて、ある日、日本海側の調査にも政府の予算がつくように、資源エネルギー庁の天然ガス課長のところに、私ひとりで交渉に行きました。青山繁晴や共同研究者の東大の教授なしです。

「一〇〇〇万円、傭船《ようせん》費《ひ》（船舶を船主から借り受ける際に支払う借船料）のために予算が出ないでしょうか」と課長に訊きました。調査船を一日動かすのには二〇〇〇万円ほどかかるので、五日間の調査として一〇〇〇万円をお願いしたのです。

課長は、「陸上試験〔註一三〕に一丸となって取り組んでいるときに、そんなことを言っていると国賊ですよ」と私に言いました。

私は、びっくりしました。ＭＨ21には毎年五〇億円の予算が出ているのに、なぜ「日本海側の調査に一〇〇〇万円だけ予算を出してほしい」と言っただけで国賊呼ばわりされるのか、まったく理解できませんでした。

そこで、課長との面会のあと、現在、経済産業大臣の世耕弘成前内閣官房副長官の会合に出席していた青山に、この経緯を話しました。

青山はその経緯を聞き、「許さない。おのれを捨てて取り組んでいる独立総合研究所（独研）に向かって国賊とは何事だ」と怒り心頭に発し、携帯電話を握って会場から廊下に出て、資源エネルギー庁長官の携帯に電話しました。青山は、長官とは長官が原子力の担当のころから議論を重ねている知己であり、携帯電話の番号を知っていたのです。また独研がメタンハイドレートの調査研究をしていることは、長官には知らせていました。

青山が、「そちらの石油天然ガス課長が、いまうちの自然科学部長に『国賊』と言ったんだ！　きちんと事実を確認して、回答を求める」と言うと、長官は、「事実関係を調べて連絡します」と応え、回答がすぐにありました。「石油天然ガス課長に聞きました。『誤解です。自分が国賊になるという意味で言いました』と課長は言っています」とのことでした。

青山は「長官室にその課長を呼んでください。わたしと青山千春博士がそこへ行きます。必ず長官室にあなたとその課長が顔をそろえていてください」と告げました。

そして、長官室に青山と私が行き、課長はそのときも「青山千春博士が国賊とは申していません、このままだと自分が国賊になると申しました」と繰り返しました。信じがたい弁解ぶりです。

青山は「東大法学部を優秀な成績で出たキャリア官僚が、自分のことを国賊なんて絶対言わない。わたしが官僚を知らないとでも思うのか」と一蹴し、話は平行線になりました。

そのとき、長官は「青山（繁晴）さん、それでは一度ＭＨ21の検討会にオブザーバーとして参加していただき、青山さんと共同研究している東大の教授と青山千春博士に日本海のメタンハイドレート調査に関してプレゼンをお願いしたいと思うのですが、いかがですか？」と言いました。

当時ＭＨ21のメンバーのほとんどは、日本海側メタンハイドレートの実態を知りませんでした。ここでメンバーに日本海側のことを知ってもらえれば、研究開発の道が大きく開けるかもしれません。そういう意味で、フェアな突破口になるかもしれない妥協案でした。

〔註一三〕陸上試験……カナダ北西準州のマッケンジーデルタ地域マリックサイトにおいて行われた一連の陸上産出試験。第一回試験は二〇〇二年、五か国、七機関の共同研究として実施された。第二回陸上産出試験は日本とカナダだけの試験となり、二〇〇七年と二〇〇八年の二回に分けて実施。

ＭＨ21の検討会にて

このＭＨ21コンソーシアムの検討会は、同コンソーシアムがきちんと仕事をしているか、税金を正しく使っているかを検討するための会です。ところが、同コンソーシアムの責任者とこの検討会の座長は東大の同じ研究室出身の先輩・後輩同士です。チェックされる側とチェックする側が同じところの出身というのは、チェック機能に疑問が残ります。まさに原子力村と同じ構造そのものです。一方で、この検討会の委員には既得権益に未だ染まっていない民間の若い技術者も複数います。

さて、ＭＨ21の検討会に出席するため、われわれは経済産業省の会議室に出かけていきました。そして会議室のスクリーンに海底からぷくぷくとメタンハイドレートが湧出している動画を映し出しました。そのとき、石油会社とガス会社の若い研究員が、ふたりともその動画を同時に指さして、「これ、メタンハイドレートの実物じゃないですか！初めて見ました！　ここにあるじゃないですか、実物が。なんでこれ、やらないんですか！」とびっくりして立ち上がりました。「ここまで見せられると、やらないわけにはいかないでしょう」という声も上がりました。

プレゼンが終わると、座長が「あっ、オブザーバー参加の独立総合研究所はここまでです。退室してください。ここから先はわれわれが検討することなんで」と私たちはその後の内容を傍聴することなく、強制的に退席させられました。

MH21検討会の若い研究者の叫び声を聞いたときから、私たち独立総合研究所はほんとうの戦闘モードに入りました。もちろん、それは独研のためではなく、国益のためです。

メタンハイドレート普及活動

経産省に「日本海のメタンハイドレート調査研究が大事です」といくら言っても埒が明かなかったので、独研はメタンハイドレート普及活動を展開することにしました。

ひとつ目は、国会議員、官僚、文化人、マスコミや民間企業のトップにメタンハイドレートを理解してもらうことです。ふたつ目は、講演で直接国民にメタンハイドレートを紹介し、理解してもらうことです。

国会議員は、たとえば、文部科学大臣を経験した議員、経済産業大臣を経験した議員らに個別に面会し、メタンハイドレートに関するレクチャーを行い、理解を深めてもらいました。なかには「それでは議員連盟をつくって日本海の調査にも予算がつくようにしましょう」と動いてくださった議員もいらっしゃいましたが、二〇〇九年に政権が自民党から民主党に移り、この話はいったん棚上げになってしまいました。

文化人は、たとえば竹村健一さんや櫻井よしこさんのところに説明に伺い、現状を理解していただきました。竹村さんはご自身のラジオ番組でメタンハイドレートを取り上げてくださり、そのときは、私がゲストで出演し、竹村さんと対談しました。

民間企業は、たとえば大手の石油会社の社長を訪ね、「メタンプルームを一緒に探しましょう」と共同研究の提案をしました。ガス会社にも、調査費の援助をお願いしに行きました。電力会社にも、「需要側として共同研究しませんか」と提案しました。しかし、民間企業はいずれも、「いまはまだ基礎調査段階で、これは政府マターである。だから自分たちが動く段階ではない」という回答で、消極的な姿勢でした。

そこで、独研は、次に、日本海に面した地方自治体の首長のところに伺い、メタンハイドレート普及作戦を展開しました。この作戦はお互いにウィンウィンの関係であったので、話が急速に前へ進み、ゆっくりとした経済産業省の動きに加速がかかるきっかけとなりました。

これについては、第二章で詳しくお話しします。

日本と世界の温度差に愕然

ここで海外での反応について述べます。

先に触れたように、二〇〇四年の調査で魚群探知機を使ってメタンプルームを見つけ、その下にピストンコアラーを打ったら、メタンハイドレートの塊が採れました。私はこの成果を国際学会や海外の報告会で発表しました。

とくに印象的だったのは毎年アメリカのサンフランシスコで開催されるアメリカ地球物理学連合（ＡＧＵ：American Geophysical Union）の大会でのことです。発表が終わ

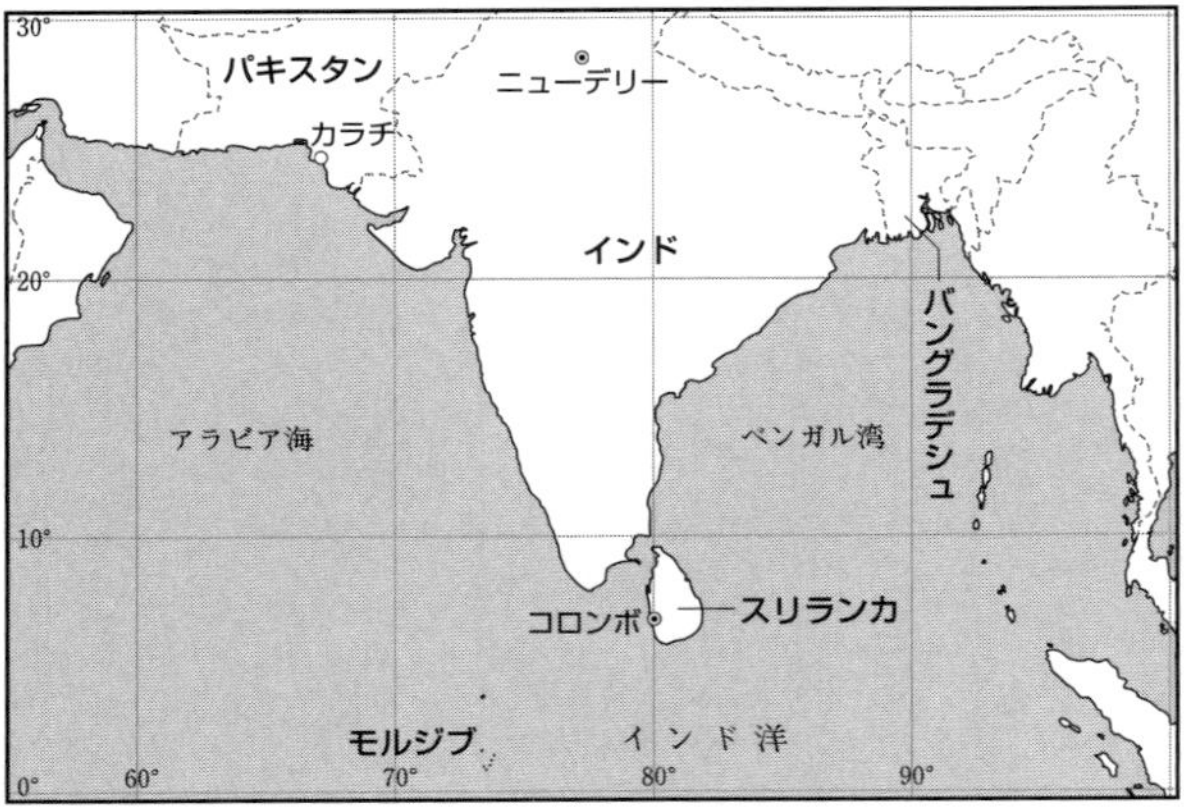

図版⑩　モルジブ近辺にもメタンハイドレートが賦存すると言われている

ると、質問の時間が二〜三分あるのですが、聴衆の中のカナダ、アメリカ、ニュージーランド、ドイツなどの研究者から質問がたくさんきました。制限時間が過ぎたあともインド、韓国やブラジルの研究者が質問に訪れました。すごい関心の高さでした。

一方で、同じAGUの発表のときに、MH21の日本人研究者らが、プロジェクターの画面に映し出された私の研究内容の写真を撮っていました。しかし私のところには質問しに来たりはしません。私の発表に興味や疑問があるなら、直接訊きにくればいいのに。何故こないのだろうと思いました。

海外で最初に発表したときはポスター発

表でした。フランス国立海洋研究所（IFREMER）の人が何度も見に来て、「トレビアン！」と言って、「今度私たちは調査船をつくるんだ。海洋調査船だけれども、絶対に魚群探知機を載せるから」と言って、「どういう性能のものがいいんだ？」「必要な機能は？」「どこのメーカーだ？」と矢継ぎ早に訊かれました。「ノルウェーの魚群探知機が性能いいよ」と言ったら、ホントにその推薦した魚群探知機を調査船につけました。

それから韓国の人も「すごいね！」と言ってきて、「これ、日本海にあるの⁉」とやはりとても熱心でした。

海外の人たちはストレートに興味をぶつけてくるのです。インドの人も熱心でした。モルジブ（図版⑩）の北方やスリランカの北方あたりにメタンハイドレートがたくさん在るからだと思います。

エディンバラで驚いたこと

二〇一一年七月のことです。スコットランドのエディンバラで開かれた国際ガスハイドレート学会、三年に一度の開催ですが、その学会にはMH21のプロジェクトリーダーを務める東京大学大学院の准教授や東大の教授をはじめ、私の共同研究者ら、たくさんの日本人が参加していました。

会場では韓国が「竹島の西と南の海底に在るメタンハイドレートを二〇一四年までに実用化する」と発表していました。ポスター発表も一〇件以上あり、すべてこの竹島の西方および南方の海域に関する発表でした。驚いたことに、すべての発表に日本海のことが堂々と〝EAST　SEA〟(東海)と記されていました。独研はそのことについて、発表者に抗議しました。私たちの税金を使って参加していた、経産省、JOGMECや東大の人たちは、たぶん抗議をしなかったと思います。なぜなら、MH21のホームページに出ているBSR(海底擬似反射面、メタンハイドレート賦存の目印)の分布図(一五頁図版Ⅳ)を見てください。竹島を作為的に記載していません。こんな遠慮をしているから、抗議はしなかったと断言していいと思います。

国民が知らないところでこんなことが起きています。これに対して国民は怒りの声を上げないといけないと思います。こんな優柔不断の態度ではメタンハイドレートの技術はおろか、資源そのものも中国、韓国、ロシア、アメリカに取られかねません。

なぜ日本のメタンハイドレート開発は遅々として進まないのか?

さて、普通の感覚をもった人なら、太平洋側より日本海側のほうが有望そうなら、太平洋側につけられている予算を日本海へ回せないのかと考えると思います。

青山繁晴曰く「それをできないのが日本が戦争に負けた大きな原因のひとつ」。たとえば戦艦大和を巨大戦艦として建造するという予算をつけたら、そこに業者をぶら下げ、役人をぶら下げる、学者もぶら下がってしまいます。現実的には巨大戦艦の時代は過ぎ、航空機の時代を日本海軍みずからが山本五十六連合艦隊司令長官の下、切り拓いていながら、大和を航空母艦に変更できなかった。

それと同じように、メタンハイドレートの開発は太平洋側でやることになり、MH21というコンソーシアムをつくって、そこに予算をつけると、業者、役人、東大を中心とした学者たち、全部ぶら下がってしまいます。それで身動きが取れなくなるのだと思います。

一方でアメリカやフランスなどは、臨機応変に効率的な予算のつけ換えをして、一刻も早く実用化しようとします。日本が戦争に負けた原因になったことが、メタンハイドレートというエネルギーのいちばん大事なことに関して起きているわけです。エネルギー資源というのは、民族国家のいちばんの基本です。ホントに日本は昔から変わっていないなと、がっかりを通り越して「なんでだろう」と不思議に思います。

ただ、私たちは、がっかりしたり不思議に思ったりするだけではなく、みずから体を動かし、現場に出て、行動してきました。

日本を否定する日本国民であり続けるのではなく、誇りをもって日本を肯定できる日本国民でありたいからです。

第二章

メタンハイドレートがもたらすのはどんな希望？

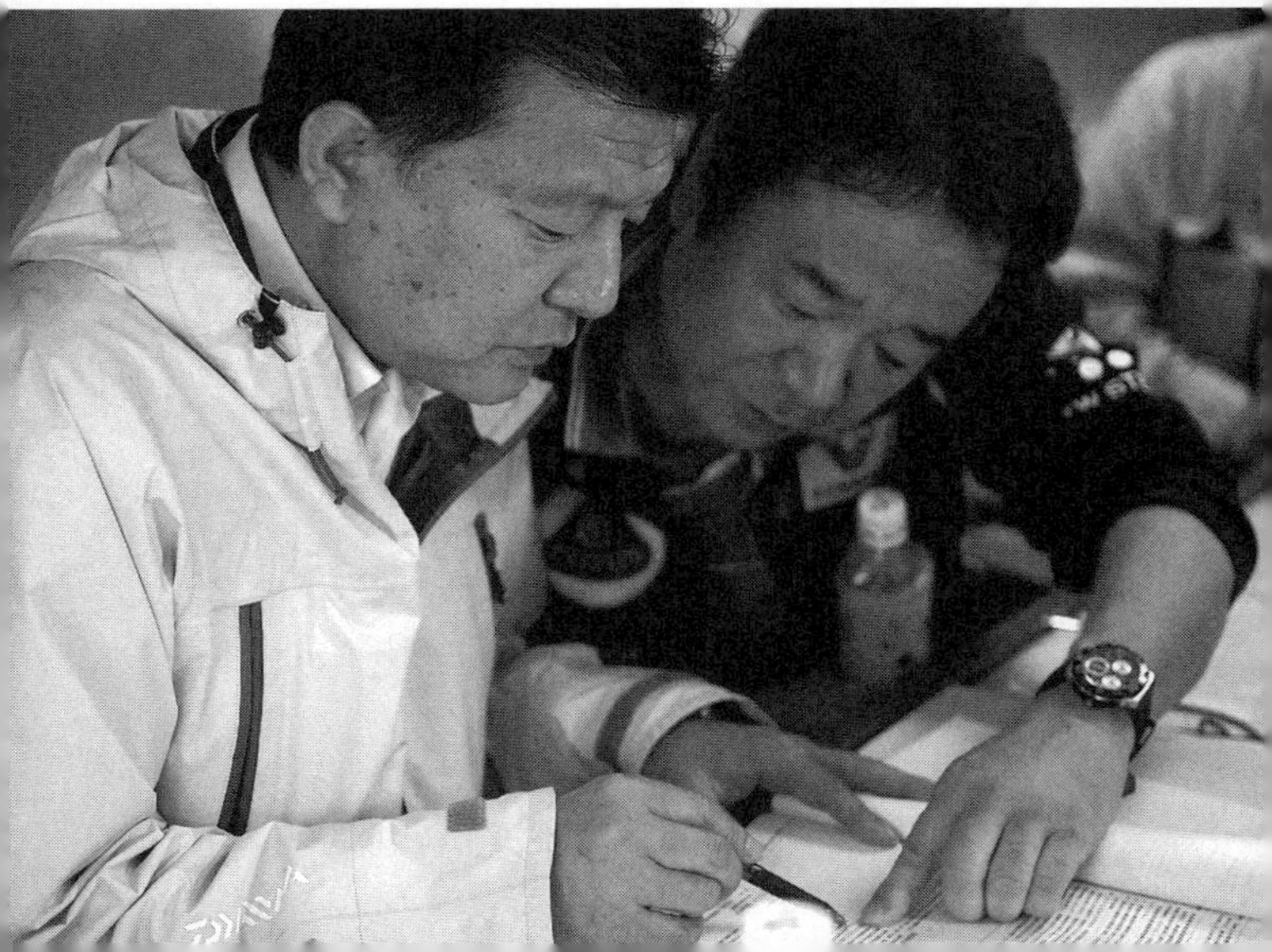

メタンハイドレート実用化にかかるコストは？

ＭＨ21のホームページ「メタンハイドレート資源開発研究コンソーシアム」を見ると、メタンハイドレートから採った天然ガスが、どのくらいの原価になるかを算出する考え方が掲載されています（http://www.mh21japan.gr.jp/mh/06-2/）。それをよく見ると、メタンハイドレートの開発に有利になることよりも、不利になることのほうが多く列挙されています。

たとえば「はじめに」でも少し触れましたが、今回の太平洋側のメタンハイドレートから天然ガスの採取を成功させたニュースも、「世界で初めてメタンハイドレートの採取に成功しました」とアナウンスするだけで、それを切り札に使おうとしません。現在輸入せざるを得ない天然ガスの価格の交渉のときに、「自分の国でも採れるようになるんだけど、その値段ならもう輸入しなくていいかなぁ」と言えば、強い切り札になり得ます。そうすると、天然ガスの価格は下がるでしょう。

こういうプラスの効果が、この算出法には反映されていません。

そんなわけで、現状のままだととても高い原価になってしまいます。このニュースを受けて、テレビで解説を依頼されたのですが、そのときも「なぜその切り札をもっと利用しないの？」と私は強く訴えました。

それから、「世界で初めて」ということは、当然ほかの国はどこもやっていません。インドやブラジルをはじめ、色々な国にメタンハイドレートはたくさん埋蔵されています（一二二頁図版Ⅱ）。メタンハイドレートを採りたいのに採れない。採取の技術が喉から手が出るほど欲しいと思っている国がたくさんあります。だからそういう国々に、日本はこの技術を進化させつつ、売ればいいのです。もしくは採取技術を会得した優秀な技術者がいずれ育っていくので、そういう人を派遣すればいいと思います。その収入で開発コストの元が取れると思います。たとえ開発に五八八億円かかって（九七頁参照）いても、技術を求めている国に売れば、あっという間に回収できるでしょう。

環境に負荷をかけないメタンハイドレートの採取

シェールガスを採るとき、使用する潤滑用の薬品（酸や界面活性剤、潤滑剤、土壌安定化剤など）が原因となって地下水が汚染されていると言われています。一方でメタンハイドレートを採る際は、たとえば太平洋側の場合、減圧法（一六頁図版Ⅴ）で、メタンハイドレートを採取するパイプの中の圧力を減らします。序章で述べたように、メタンハイドレートは圧力が下がれば水とメタンガスに分かれます。つまり圧力を減らすだけで、メタンガスを採ることができます。薬品を使わないので、環境にはほとんど負荷がかかりません。

減圧法に至るまでいろいろな方法が試されています。メタンハイドレートは温度が低いときは安定しています。逆に温めればガスと水に分かれるので、温める方法も試しました。

ところがメタンハイドレートを温めるお湯をつくるコストのほうが高くなってしまい、これでは意味がありません。そんなわけで、減圧法で海上産出試験を実施しました。

太平洋側のメタンハイドレートは砂の中に混じっていますから、砂も一緒に吸い込みます。二〇一三（平成二五）年の海上産出試験のとき、パイプに砂粒が目詰まりして、予定より短い、五日間で試験を中止しました。

先日の「世界で初めて」という過熱した報道ぶりだと、国民の多くは「明日にでも採れる」と思ったことでしょう。それでいて、「五日間でダメになりました」と報道されると、「やっぱりダメなのか」となってしまいますが、そんなことはありません。ちっとも実用化の可能性は落ちていません。そこは報道に騙《だま》されないでほしいのです。

目詰まりしたのを好機として原因を究明すれば、さらに一歩前進するのです。科学技術というのはそういうトライアル＆エラー、試行錯誤でこそ進歩してきたのですから。

さらにいまの太平洋側の開発に日本海側も併せると、実用化はさらに加速するでしょう。お互いに情報を交換して開発していけば、効率が上がるからです。

つい最近まで太平洋側には五八八億円もの予算がつけられ、日本海側にはほとんど予算がつかず、ほんとうに悔しい思いをしてきました。しかし風が変わり、二〇一三年、初めて日本海側に一一億円程度の予算がつきました。これで一気に開発が進んでくれるものと期待しています。
この風が変わった原因のひとつが、後述する「日本海連合」の設立です。

魚群探知機によるメタンハイドレート採取の特許を取得

「魚群探知機でメタンプルームを探し出して、メタンハイドレートの在る場所を安価に探査する」。このメタンハイドレートの探査法（AOYAMA METHOD）は、国内は勿論、ロシア、中国、韓国、オーストラリア、アメリカ、EU、ノルウェーで特許（パテント）を取得しています。

私は二〇〇四年にこのメソッドが有効なのが分かってから、すぐに特許の申請をしました。一緒に海外もやっておいたほうがいいというので、海外の特許も同時に申請しました。

祖国のための特許

そもそもなぜ特許を取ろうと思ったのか……。

中国や韓国の政府関係者がこの簡単な方法を知って特許を日本より先に取ったら、どうなるでしょう。たとえば、彼らに戦争責任を持ち出され、「日本はこの技術を使うな」と言われたとき、日本政府は、「これは日本が最初に見つけた技術だ」と強く言えるでしょうか？　絶対に言えないと思います。

二〇〇四年には経済産業省のOBのところに、「この特許を国が取ることはできませんか？」と頼みに行きました。しかし、「重要なことは分かりますが、国が特許を取るのは無理です。個人で取得してください」と言われました。

「それならば」と、独研が特許を取りました。これで「中国、韓国のみなさんもどうぞ『AOYAMA　METHOD』を使ってください。ただし、私どもが特許を取ったメソッドだから、勿論日本も使いますよ」と堂々と主張できます。祖国のためにそういうことを担保しておくべきだと思ったのです。

そういう考え方で取得した特許なので、使用料はいただくつもりはありません。しかし仁義として、このメソッドを使用する際は、ひと言お知らせいただくとうれしく思います。

特許を最初に取る際に費用が一〇〇万円程度必要でした。加えて毎年、特許維持年金も納めねばならない——それもあって、特許を手放す人も少なくないそうです。さらに海外の特許を取るのにも八〇万円程度かかりました。五か国に申請したので、それだけで四〇〇万円です。当時非常に厳しい経営を強いられていた独研——いまも厳しい——には大きな負担でした。それでも何も言わずに出資してくれた社長（当時）、青山繁晴にはとても感謝しています。まだメタンハイドレートがマス・メディアにも取り上げられず、国民にもまったくと言っていいほど知られていなかった当時のことです。もし私が独研にいなかったら、特許を取ることはとても無理な話だったでしょう。

風向きが変わってきた

先に少し述べましたが、二〇一二年九月八日、「日本海連合」、正式には「海洋エネルギー資源開発促進日本海連合」が設立されました。これは海底資源を共同調査するための自治体の広域連合で、メタンハイドレートの調査や開発を日本海でも進めようという意思を明確に示しています。

独研と連携してメタンハイドレートの先行調査をしている兵庫県、新潟県、京都府の三府県が中心になって、全国知事会会長でもある京都府の山田啓二知事が設立を呼びかけ、秋田県、山形県、富山県、石川県、福井県、鳥取県、島根県の七県が賛同して、一府九県で設立に至りました。

輸入に頼らない資源の開発と沿岸部の産業振興や地域活性化が設立目的で、民間企業とも連携して、政府への提言をまとめています。開発対象資源はメタンハイドレートに限らず、石油や天然ガスなども挙げられています。

この「日本海連合」ができたあとは、加盟している県の知事も記者会見等でメタンハイドレートについてコメントをするようになり、マスコミは勿論、広く国民にも日本海側のメタンハイドレートのことが知られるようになりました。

実はこの「日本海連合」は、独研の提案なのです。

メタンハイドレートをめぐる状況は、「二〇一三年三月のメタンハイドレート層から天然ガスの採取」のニュースで変わったのではなく、ほんとうはこの時点から変わりだしたのだと思います。

そして、二〇一二年の一二月の総選挙です。あの自民党の政権公約[註一四]に「メタンハイドレート・レアアース泥などを含む海洋資源開発への集中投資などにより、資源小国から資源大国への転換を図る」という言葉（一部略）が入ったのも、やはり「日本海連合」の良きプレッシャーがあるのだと思います。

〔註一四〕自民党の政権公約……自由民主党の二〇一二年マニフェストにある「Action 1　経済再生」中、〈国際展開戦略〉の項目に「メタンハイドレート・レアアース泥などを含む海洋資源開発への集中投資などにより、資源大国への転換を図ります」という記述がある。

「日本海連合」設立の経緯

二〇一二年の前半、青山繁晴は独立総合研究所の最高責任者（当時）として、八方塞がりになっているメタンハイドレートに関する活動のスタンスを変える決断をしました。学界や経産省の体質との闘いは正面から続けますが、柔軟性を持った対応もすることにしたのです。青山は、それはふたつあるとしています。

ひとつは地方自治体とタッグを組むことです。中央政府とやり取りをしても埒が明かないからです。橋下徹さんだけ目立っていましたが、知事や市町村長には新しい感覚を持った人がかなり増えています。彼らなら情況を理解して、的確な対応をしてくれるかもしれないと考えたのです。

もうひとつは、独力で研究船を出すということです。独自の船なら魚群探知機のデータを国民に自由に公開して、知ってもらうことができます。

それで早速二〇一二年の六月に兵庫県の協力を得て、船を出しました。勿論、準備はその前からです。まず、兵庫県の井戸敏三知事にメタンハイドレートの件で会いたいとアポイントを取りました。最初は「え？　メタンハイドレートって何？」という感じでしたが。

実は独研は、日本海だけに面している自治体に、最初に声をかけることはしないとも決めていました。太平洋側も大切な日本の海ですから。私どもは「太平洋側はダメ」と主張していると誤解されるのをもっとも危惧していました。

これは資源エネルギー庁長官に青山が何度も言ってきたことですが、いままで太平洋側に五〇〇億〜六〇〇億円を投入したことが悪いとはわれわれはひと言も言っていません。技術開発には試行錯誤がつきものなのだから、問題はまったくありません。一年間に九〇兆円も使う国が、一〇年間で五〇〇億〜六〇〇億円です。逆に、自前資源という大きな夢を実現するためには少なすぎるくらいで、そんなこと問題にしていません。

では、なぜ、独研が問題にしていると、経産省や資源エネルギー庁の一部の人々が誤解するかというと、彼らが自分の保身を考えているからだと思います。「青山さんは国家の話をしているけれど、私は自分の身が心配だ」と青山繁晴にはっきり言った幹部もいました。「お前らは一年間に五〇億円も使いやがって」と言われるのが嫌なだけなのです。

青山は言ったそうです。「あなたは官僚として、ここまで登り詰めた。それまでは立身出世の野心、保身の私心があってもいい。しかし、われわれはいずれ死ぬ。このあとは死ぬまでのあいだ、ただ祖国に尽くすだけではありませんか？」と。


さて、現下の方針を柔軟に転換して、太平洋側より好条件の揃っている日本海側の開発を進めると、それがよいインセンティブになってくれて、必ず太平洋側も現状を打破することになります。そのために自治体とタッグを組むわけで、それには日本海側と太平洋側の両方に海を持っている自治体が必要だったのです。

加えて大事なのは、中央政府にインパクトを与える自治体でなければならないということでした。そうするとまず関西広域連合〔註一五〕が候補になります。関西広域連合はすごく発言力があります。それは橋下徹さんがメンバーになっていたからではありません。二〇〇〇万人もの人口を抱えているからです。

関西広域連合のなかで、日本海側と太平洋側の両方に海があるのは、兵庫県しかありません――正確には勿論瀬戸内海ですけど、要するに反対側という意味です。

それで井戸知事に声をかけたという次第です。最初は「?」だった井戸知事も独研のことを信頼してくれて、「じゃあ『たじま』（五頁写真⑤）という漁業調査船があるんで、それで宜しかったら、県は協力します」と承諾してくれました。

ところが、兵庫県庁の役人が最初はみんな〝横になる〟わけです。知事がいくらトップから下ろしても、全然下は動かない。新しいことをやりたくないのでしょう。これについては青山繁晴が『スーパーニュースアンカー』〔註一六〕で取り上げましたから、ご覧になった方もいらっしゃることでしょう。

さて、いろいろと障壁はありましたが、たじまでの調査が実際に進み始めました。

調査海域は、一九九七年に私が初めてメタンハイドレートを魚群探知機で見た隠岐の東側の海域でした。運命と言うべき縁かもしれません。

次のステップとして、京都府の山田啓二知事にお会いしました。

山田知事は全国知事会会長で、他都道府県知事に対して発信力があります。それから日本海側全体を悩ませている、太平洋側との経済格差に苦しんでいます。京都「市」と

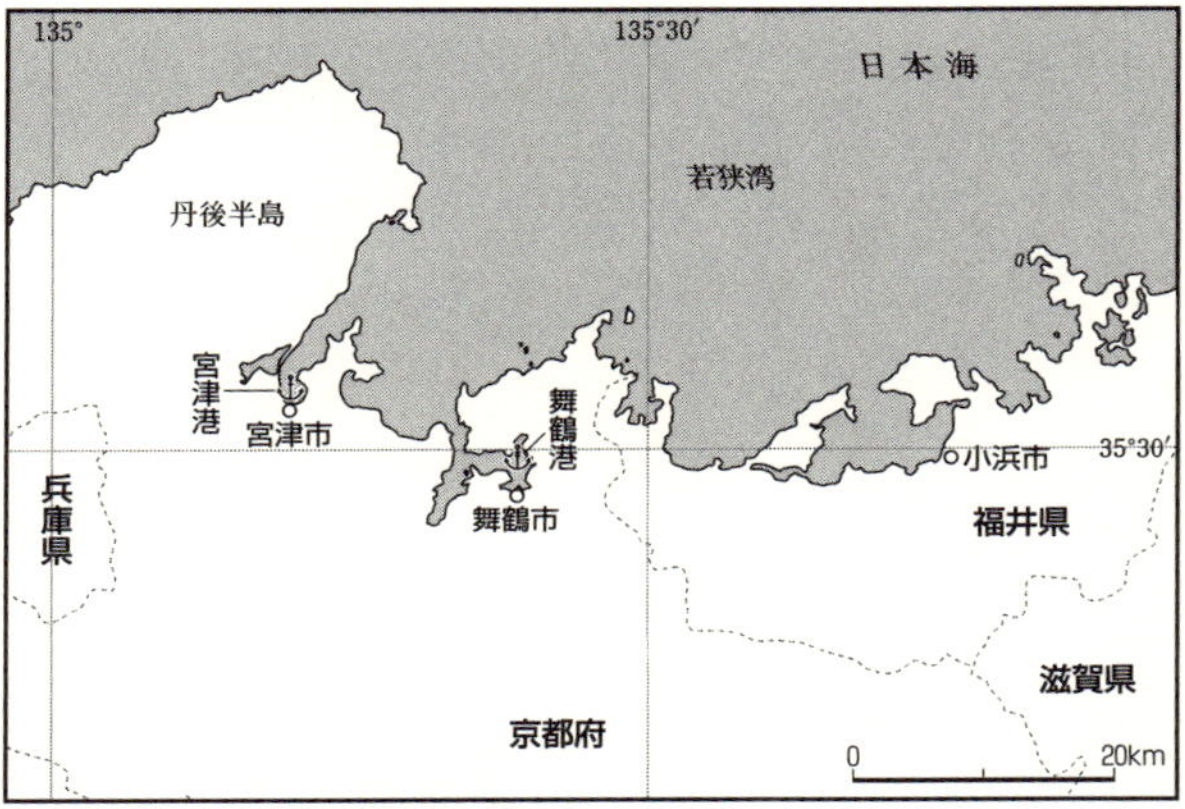

図版⑪　京都府には宮津港と舞鶴港がある

比べ、京都「府」はより深刻な慢性的で構造的な不況に喘いでいます。だからこそ、もしメタンハイドレートで日本海側が潤うとなったら、日本を前へ進める巨大な起爆剤になります。

山田知事は視野が広い方です。仮にメタンハイドレートが採れたとしても、兵庫県には陸揚げする大きな港がないことに着目しました。京都府には宮津港と舞鶴港（図版⑪）があります。それに休眠中の宮津エネルギー研究所（＝宮津〔火力〕発電所）もあります。関西電力はずっと原子力発電に重きを置いてきたから、休眠させています。メタンハイドレートが採れたら、ここ

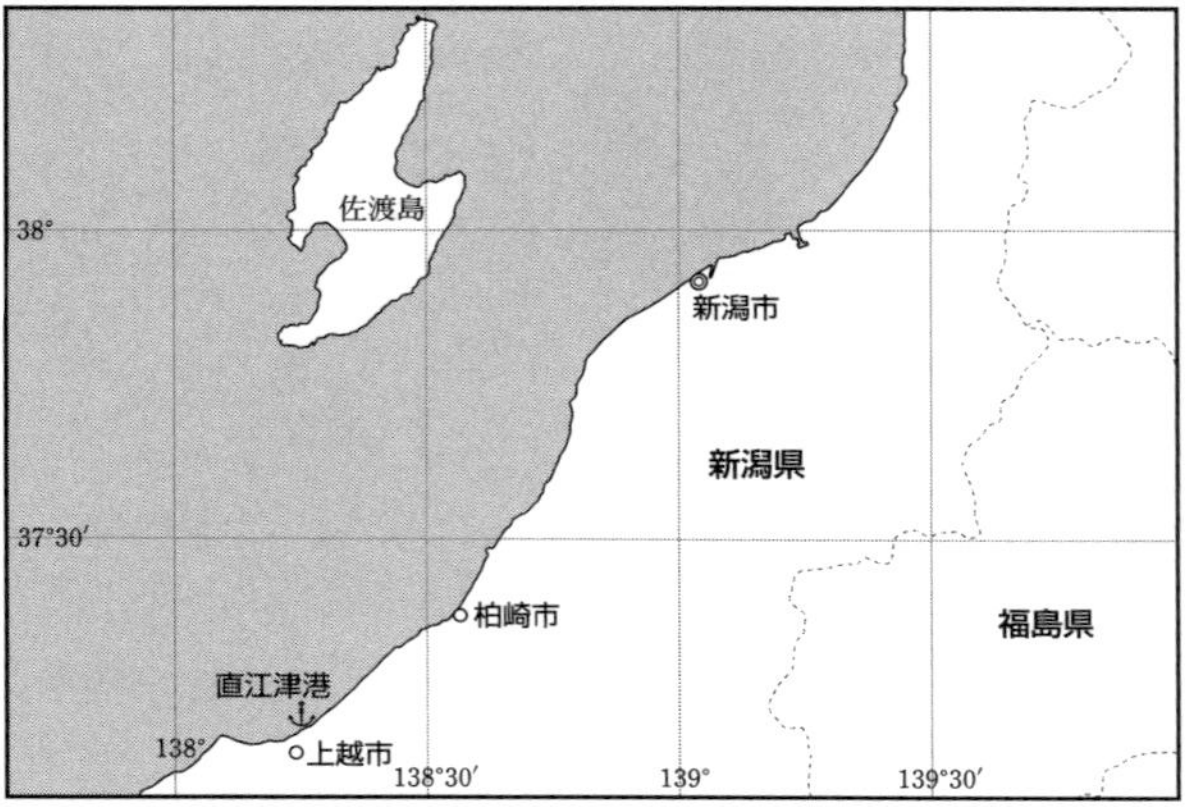

図版⑫　上越市直江津港沖にはメタンハイドレートが豊富に賦存していると言われている

で燃料として活用すればいい。「よし、それでいける！　青山さんたちと組む！」となりました。

それから私どもは新潟を訪れて、泉田裕彦知事（当時）にアプローチをかけました。新潟県の佐渡の南、上越市直江津港の目の前（図版⑫）は間違いなくメタンハイドレートの賦存量が多いからです。地元経済の停滞をなんとか打破したい知事は、ふたつ返事で乗ってこられる積極姿勢でした。

その後、青山繁晴は山田京都府知事に「この一府二県の計三自治体で『日本海連合』をつくりましょう」と持ちかけました。すると山田知事は「ほかの自治体はどうするかな?」と言われたそうです。温度差からくる足並みの乱れを恐れた青山は正直に、「いやいや、意思の強いところだけでやりたい」と言いました。そうしたら山田知事は「やっぱり全国知事会会長として、全国知事会議で話をしなきゃいけないから」と、全国知事会で話をしました。すると秋田県から島根県までが自分たちも仲間になりたいと手を挙げられて、一府九県の「日本海連合」ができたというわけです。

そうして二〇一二年九月に発足記者会見をやることになりました。山田知事から青山に同席要請があって、共同発表ということになっていたにも拘らず、なんの連絡もないまま記者会見が終わってしまいました。終わったあとの連絡もなく、独研は独研のサポーターの方たちから「こんなことがあった」という報せをもらって、初めて知りました。

しかし、私も青山も独研全体も、まるで気にもしていません。独研のために「日本海連合」をつくろうとしたのではないからです。祖国を資源を持つ国にする。それだけです。

〔註一五〕関西広域連合……「関西から新時代をつくる」。志を同じくする関西の二府五県（大阪府、京都府、兵庫県、滋賀県、鳥取県、和歌山県、徳島県）が結集し、二〇一〇年一二月一日、地方自治法の規定に基づいて設立した。府県域を越える広域連合（特別地方公共団体）としては、全国初の取り組み。当初は、防災、観光・文化振興、産業振興、医療、環境保全、資格試験・免許等、職員研修の七分野からのスタートだが、「成長する広域連合」として将来的には、港湾の一体的な管理や国道・河川の一体的な計画・整備・管理等を目指すとしている。とりわけ、国の出先機関の受け皿として、国からの事務、権限の移譲の実現を急いでいる。

〔註一六〕『スーパーニュースアンカー』……関西テレビで二〇〇六年四月三日から放送されていた平日夕方の報道番組。一七時台（第一部）と一八時台（第二部）の二部構成。第一部にのみコメンテーターが出演し、曜日によって替わる。青山繁晴は水曜日の担当だった。この水曜日は「水曜アンカー」として、全国のみならず海外の邦人にも広く知られ、きわめて多くの視聴者を集めている。なお、青山繁晴は常々、「私は職業的コメンテーターではなく実務家ですから、〝出演〟ではなく〝番組参加〟です」と話している。

国会議員、一般国民と船出

それからもうひとつの試みです。独研は独自で民間の調査船を借りて、二〇一二年六月に出航しました。日本海洋〔註一七〕という民間の独立系の船会社にずいぶん協力していただきました（とくに費用面）。「第七開洋丸」という船（五頁写真④）で、搭載している調査機器は最新鋭でした。青山はこの調査船にいわば国民のための証人として、国会議員にも一緒に乗ってもらおうと、以前からメタンハイドレートに関心の強い国会議員数人と、新藤義孝代議士に声をかけました。

国会議員は普通、予定がいっぱいで、大体「乗りたいけど、今回は無理だ」という答えが返ってきます。しかし、新藤さんだけは違いました。当時は決算行政監視委員会〔註一八〕で委員長を務められていました。決算行政監視委員長はすごく大事なポストです。ところが、「乗ります」と即決でした。

「あなたは決算行政監視委員長だし、日程調整はしなくてもいいのですか？」と青山繁晴が言うと、「いや、もう兎に角これは絶対乗ります」とおっしゃいました。

当日、船に乗ってこられた新藤さんに、青山が「新藤さんは、やっぱり栗林忠道《くりばやしただみち》中将〔註一九〕の孫だっていうことを背負って生きているんですか?」と訊いたら、「そうです」。現実的な話として、国会の日程を言い出したら必ず行けなくなります。ほかの国会議員はみな、そうだったのです。

新藤さんはリアルタイムで船内に映し出されたメタンプルームを見て、叫びました。「こんなにはっきり見えているのに、なんでやらないんだよ!」。

そして、「いま自分の足の下にこんなにメタンが出ているのかと思うとすごいことですね」と感激されていました。そして「青山さん、政権取り返したら、絶対やるから!」と力強い言葉をいただきました。

新藤さんは第二次安倍内閣で総務大臣として入閣をなさって、安倍総理らとともに、メタンハイドレート推進の強い支持者になっていただいています(当時)。それゆえ、第二次安倍政権があるうちに、メタンハイドレートの実用化までこぎ着けたいと思います。そうでないとこの自前の資源の利用は永遠に実現できないかもしれません。

〔註一七〕日本海洋……東京都足立区に本社を置く、海洋および環境調査計測関連機器事業と潜水関連機器事業を主事業とする株式会社。現在は関連会社の海洋エンジニアリング株式会社が船舶を保有している。

〔註一八〕決算行政監視委員会……衆議院に設置されている常任委員会のひとつ。その名のとおり行政において予算が適切に運用されているかを監視する組織。尚、新藤義孝氏が委員長を務めていた二〇一一年一一月一六日・一七日、初めて設置した行政監視に関する調査を行う小委員会を開催している。これは国会による事業仕分けであり、話題になった行政刷新会議が民間の有識者を構成員として組織されていたのと異なり、与野党の代議士が委員として事業仕分けを行った。行政のテーマごとに政務三役から政策目標を聴取し、民間から各党が選んだ分野ごとの参考人を招き、意見を聴取し、委員が仕分けを行った。小委員会の議論は決算行政監視委員会に報告された。

〔註一九〕栗林忠道中将……一八九一（明治二四）年、長野県生まれ。大東亜戦争末期の激戦地、硫黄島の守備隊総司令官を務めた。本土防衛のための時間稼ぎと同時に、アメリカ国内の世論が戦闘結果より死傷者数に敏感なことを踏まえて、大規模地下陣地を構築した。そのうえで将兵を爆撃・艦砲射撃に耐えさせ、バンザイ突撃による玉砕を禁じ、徹底的な持久戦を行った。絶対的な制海権・制空権を持ち、すべてにおいて圧倒的優勢であったアメリカ軍に対し、最後まで将兵の士気を低下させず、アメリカの予想を上回る一か月半も防衛し、アメリカ軍に多大な損害を与えた。その采配は日本は勿論、アメリカでも高く評価されている。新藤義孝代議士の母方の祖父にあたる。

メタンプルームの持つみっつの大きな意味

青山繁晴は、私が見つけたメタンプルームには、みっつの大きな意味があると指摘しています。

ひとつ目は、魚群探知機で表層型メタンハイドレートのありかを効率よく見つけられるようにしたこと。しかもコストがほとんどかかりません。

ふたつ目は、常時メタンプルームが出ていることで、メタンハイドレートが日々続々と生成されている証明をしたこと。つまり、メタンハイドレートは従来の埋蔵資源と違って、採ったら終わり、すなわち有限の資源ではないという、従来の埋蔵資源の観念を根本から引っくり返す巨大な可能性を示したこと。一一頁の写真⑱を見てください。日本海の海底のデータ画像です。緑のところが低く、赤いところはちょっとこんもりしています。赤いところからこのようにメタンハイドレートの粒が、複数箇所出ているわけです。これらのメタンプルームが年間どのぐらいの量のメタンハイドレートを湧出しているかを試算しました。

みっつ目はメタンハイドレートの利用が、地球温暖化の緩和につながることを提示したこと。

メタンプルームが常時出ていて、それが海水面で確認できないということは、メタンガスが海面に行きつくまでにドンドン海水に溶け込んでいることになります。その海水は必ず蒸発し、雨になって地上に戻ってくるわけです。それはつまり海中のメタンハイドレートから発生したメタンガスが、大気中に放出されていることになります。

メタンガスの地球温暖化効果はCO_2（二酸化炭素）の約二五倍です。したがって、この第四の埋蔵資源と言われるメタンハイドレートだけは、従来の埋蔵資源と真逆で、採って燃やしたほうが地球温暖化の抑制につながることになります。

採らないまま自然状態で放置しておけば、CO_2の二五倍の温暖化効果があるメタンガスが、そのまま毎日、大気中に出ています。採って燃やしてしまえば、メタンガスがCO_2になる。つまり温暖化効果は二五分の一になるのです。しかも、もともと天然ガスは石油に比べて、燃焼時に発生するCO_2の量が約二割少ないと言われています。ほかの埋蔵資源ではあり得ないことが、このメタンハイドレートだけは起きる。そのことを証明したというわけです。

日本海側だから……希望がある

二〇一二年の六月に、兵庫県の香住《かすみ》（図版⑬）という小さい港から、兵庫県の協力を得てたじまで出港するとき、地元の方が何人も見送りに来てくれていました。これはやはり「日本海側が変わるんじゃないか」という希望をみなさんが持っておられるからだと感じました。

戦後高度成長の陰でずっと軽んじられてきた日本海側に、かつてない福音をもたらすポテンシャルがあります。

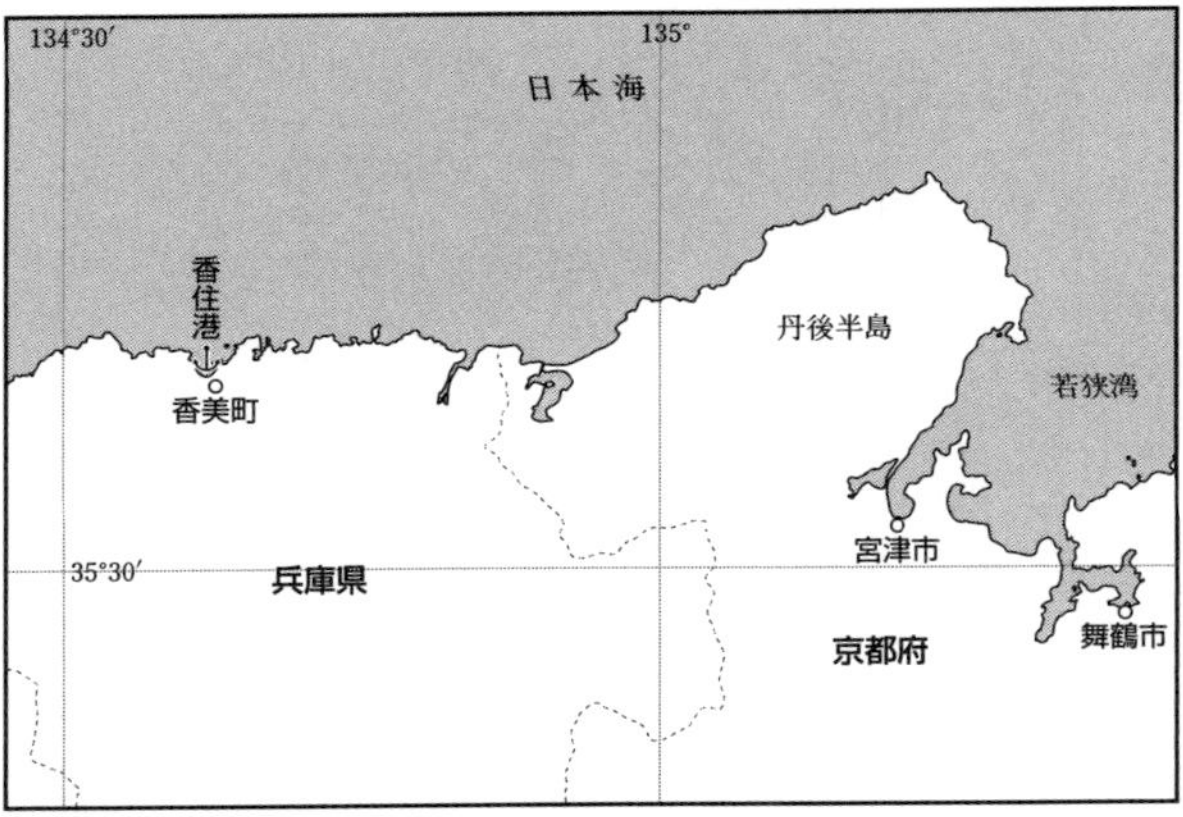

図版⑬　兵庫県の協力を得て香住港より調査に出た

これはとても大事なことで、日本海側の活性化については、あの故田中角栄元首相ですら失敗したわけです。彼は陰に追いやられている日本海側をなんとかしようと、関越自動車道も上越新幹線もつくり、地元新潟を中心に日本海側の活性化を図り、いろいろ施策を打ちました。しかしながら、彼の望んだような結果は出せませんでした。

ところが、日本建国以来初めて資源大国へと歩む最初の動きが、日本海側にあるのです。新しい連携を国民のあいだにつくって、メタンハイドレートを日本のエネルギー資源とするべきです。

どれくらい待てば実用化できる?

その「希望資源」たるメタンハイドレートは、何年後に実用化されるのでしょうか?太平洋側については、政府が二〇一八年までに技術基盤整備(生産する技術を整えること)を完了すると言っています。そのあと民間企業に下ろして、政府が少し援助をしながら実生産に向けての開発をやれば、おそらく五年もかからないでしょう。つまり、太平洋側に関しては、いまから七年以内に実用化できます。

同時に、政府としては研究が遅れていた日本海側の開発も進めていけば、日本海側のほうは太平洋側よりずっと簡単に実用化できるはずですから、そんなに年月はかからないでしょう。

太平洋側のメタンハイドレートは主に、深い海底の、さらにそこから三〇〇～七〇〇メートル掘っていって、ようやく見つかります。しかもメタンハイドレートが分子レベルで砂と混じり合っています。当然、見つけにくく採りにくく、さらに砂と分けるのにコストがかかります。

対照的に日本海側は主に、太平洋よりずっと浅い海底にメタンハイドレートがそのまま露出しているか、せいぜい一〇〇メートル以内を掘れば存在し、しかも純度九〇～九九％の白い塊で存在しています。塊なので旧来の石油工学ではむしろ採りにくいのですが、海洋土木を応用していけば採りやすく、砂と分けるようなコストもかかりません。

さらに見つけるのは、前述してきたように、魚群探知機を使う特許技術でメタンプルームを見つければ、その下にメタンハイドレートがとても高い確率で存在しています。特許使用料は今後も取りませんから、コスト高の懸念はありません。

そうすると、日本海側のメタンハイドレートも太平洋側のメタンハイドレートも、ほぼ同時ぐらいに実用化できるようになると思います。勿論、行政側や産業界側の志ある新たな取り組みが必要です。

メタンハイドレート実用化の持つインパクト

希望ばかり語ってきたメタンハイドレートの実用化ですが、マイナスの影響を受けるところもあります。

たとえば、中東にあるカタールという国が、いまどれほど潤っているか。その元になっているのが、日本が並はずれた値段で買っている天然ガスです。そこに国際石油資本（石油メジャー）〔註二〇〕がぶら下がっているのです。

もし、メタンハイドレートが実用化して日本が資源大国になったら、日本に対するカタールの資源輸出量は限りなくゼロになります。これは相当なインパクトです。

シェールガスのように石油メジャーも加わって生産している資源なら問題ありませんが、メタンハイドレートは日本独自の資源です。いわば石油メジャーの縄張りを日本が荒らすようなものです。国際的に政治的発言力の強い彼らが黙って見ているとは到底思えません。自分たちがいままで享受していたものを持っていかれるわけですから。

国内の石油会社も最初は、ずいぶん侵食されると想定されます。たとえば都市ガス生成に使われる分や火力発電所の燃料としての使用も減ります。それから、メタンハイドレートは自動車の燃料にも応用できます。ガソリンの需要も減ることでしょう。

そして、将来的には間違いなく日本からメタンハイドレートが輸出されるでしょうから、大袈裟ではなく「世界の収益構造」が根っこから引っくり返ってしまいます。

ましてや、石油や天然ガスは有限です。あと何年もつのか――五〇年なのか、一〇〇年なのか――という資源で、一方こちらのほうは地球の活動のある限り出続ける可能性のある資源です。当然、危機感があるようで、カタールやクウェートなど、中東の国の石油省の人たちが、日本にメタンハイドレート研究の視察に来ています。

だからいくら安倍総理が腹を据えて開発を推進すると決めても、既得権益にとことん漬かっている――日本が高額で資源を輸入することで恩恵にあずかっている――官僚や学者、産業界が意図的に妨害工作やサボタージュをするかもしれません。

いまのままだと、このあいだの愛知県・渥美半島～三重県・志摩半島沖のメタンハイドレート層から、天然ガスの採取に成功したというニュース、つまり「やってるよ」と見せるだけで終わる可能性のほうが、まだずっと高いと思います。心配です。

わが国は明治時代から秋田県で石油を採っていますが、これはまったく問題視されていません。なぜかというと、微量であるため、世界の資源需給環境に影響を与えないからです。

ところがいま実用化を目指している日本のメタンハイドレートは、世界の資源需給環境に影響を与えるどころか、テーブル返しです。そんなケタ違いに大きなことを、ホントにやれる胆《はら》が日本政府にあるのでしょうか？

青山繁晴もまったく楽観視していないと言っています。現実的な話、メタンハイドレートの開発環境は少しだけマシになっただけ、前途はまだまだ多難だと思います。

〔註二〇〕国際石油資本（石油メジャー）……一般にはかつて国際石油カルテルを構成したアメリカ、ヨーロッパ系の巨大石油会社七社をさす。メジャー（International Oil Majors の略称）ともいわれ、アメリカ系のスタンダードオイルニュージャージー（現・エクソンモービル）、スタンダードオイルニューヨーク（現・エクソンモービル）、ガルフオイル（現・シェブロン）、テキサコ（現・シェブロン）、スタンダードオイルカリフォルニア（現・シェブロン）、イギリス系のアングロペルシャ石油会社（現・BP）、イギリス・オランダ系のロイヤル・ダッチ・シェルで、利益導入をめぐり、多くの面で結束したことから「セブン・シスターズ（七大石油会社）」とも称された。これらは、探鉱、開発、採油などから、タンカーやパイプラインによる輸送を経て、精製、貯蔵、販売、さらに石油化学に至るまで垂直的統合を成し遂げ、世界的規模で支配、経営を行う典型的な多国籍企業である。

世界市場では互いに激しい競争を展開するが、必要に応じて協定など各種の手段によって協力し合う形も取ってきている。一九七五年にイギリスのジャーナリスト、アンソニー・サンプソンが著した『セブン・シスターズ』で世界的に存在が知られることになった。現在では、エクソンモービル、ロイヤル・ダッチ・シェル、BP、シェブロンの四社の「スーパーメジャー」に再編されている。その巨大な資本力を生かしたロビー活動で、政治に対する影響力は計り知れない。

第三章

メタンハイドレートのリアルな姿

すでに九年前に火を点けていた

二〇一三（平成二五）年三月一二日、愛知県・渥美半島〜三重県・志摩半島沖のメタンハイドレートから、天然ガスの採取に成功したというニュースが流れた際、地球深部探査船ちきゅうの船尾で、煌々《こうこう》と燃える炎、フレアをご覧になった方もたくさんいらっしゃるでしょう（四五ページ写真❼）。

実は二〇〇四年に、新潟沖で共同研究グループもメタンハイドレートのメタンガスに火を灯しています。

そのときも魚群探知機でメタンプルームを探し出し、その根元にピストンコアラーを打ち込んで、引き上げました。引き上げ後、コアラーを半割すると、メタンハイドレートの結晶がごろごろ出てきました（九頁写真⑬）。

写真のように放置した状態ですでにメタンガスがドンドン出ています。その場でメタンハイドレートの粒――小指の先よりも小さいかけらを、化学実験用の注射器（シリンジ）に入れました。

メタンハイドレートの特徴のひとつとして、ガス化するときに体積が約一七〇倍（図版⑭）になります。したがって、シリンジの中で一七〇倍になるので、グーッとシリンジのピストンが押し出されます。シリンジは注射器といっても針がありません。押されるピストンを指で固定すると、シリンジの先端からガスが吹き出てきます。そこに小さな火を近づけると、ボッとろうそくの炎のような火が点きました（一頁写真①）。

　これを共同研究の最初の航海の船中で行いました。ちなみにこの実験、メタンガスが漂っているなかでやると爆発を誘発して危険なので、デッキの上ではなく、船の実験室の下のさらに下の部屋で行いました。ガソリンスタンドが火気厳禁なのと同じことです。

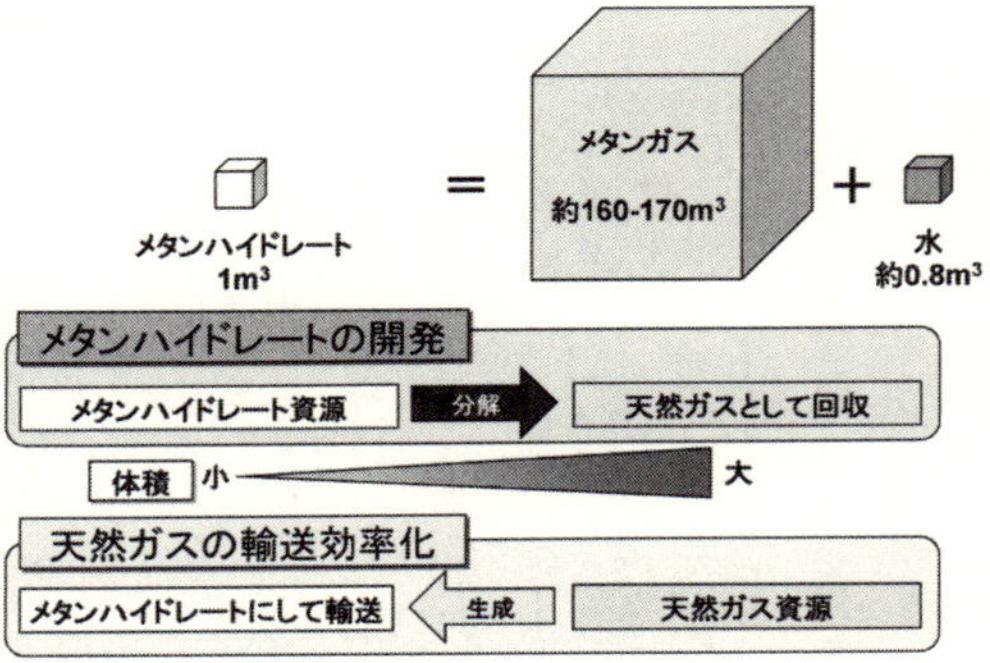

図版⑭　メタンハイドレートの体積（提供：MH21）

和歌山県に「日高港新エネルギーパーク」〔註二一〕という施設があるのですが、ここでメタンハイドレートの展示をするというので、このとき撮った写真を提供したら、「こんな小さい炎じゃインパクトがない」と、人工メタンハイドレートが燃焼している写真に差し替えられました。でもほんとうはこのろうそくのようなちっちゃな炎のほうが、重い意味があります。それは、人工ではなく天然のメタンハイドレートだからです。

一一頁の写真⑲⑳は乗船していた独研の研究員が水を飲んでいた、まだ水が入っているコップの中に、メタンハイドレートのかけらを入れたときの様子です。メタンハイドレートはシュワシュワと音をたてて発泡し、水とメタンガスに分かれます。

〔註二一〕「日高港新エネルギーパーク」……和歌山県御坊市に関西電力の御坊火力発電所があり、そこに隣接する形で日高港新エネルギーパークがある。新エネルギーのテーマパークとして一般向けに新エネルギーの仕組みやメリットなどを展示するだけでなく、実際に研究活動が行われている施設もある。PR館では一般向けに新エネルギーの展示が行われており、太陽光や風力、バイオマス発電などとともにメタンハイドレートについての展示もある。この展示には独立総合研究所も協力している。略称で「EEパーク」とも呼ばれる。

日本海のメタンガス採取法

メタンハイドレートは「燃える氷」と呼ばれます。高い圧力と温度の低いところで、周囲に水があると、メタンが水とくっついて、メタンハイドレートになります。

一四頁の図版Ⅲをご覧ください。赤い線より左下側が圧力が高く、温度が低く、この範囲にあるうちはメタンハイドレートです。この赤い線より右上になるような条件、たとえば深海から掘り出して海水面近くまで浮上させる（水温が上がり、水圧が下がる）と、メタンガスと水に分かれます。つまり原理的には海底に賦存するメタンハイドレートを、パワーショベルのようなものでガリガリと掻き出してしまえばいいのです。メタンハイドレートの比重は海水より軽いので、掻き出しさえすれば自然に浮き上がってきます。

メタンハイドレートが安定するためには、高い圧力か低い温度が必要です。それゆえ、メタンハイドレートをガスと水に分けたいときは、圧力を下げるか、温度を上げればいい。一四頁図版Ⅲの縦軸（圧力）では上のほうに、横軸（温度）では右のほうに行くか、

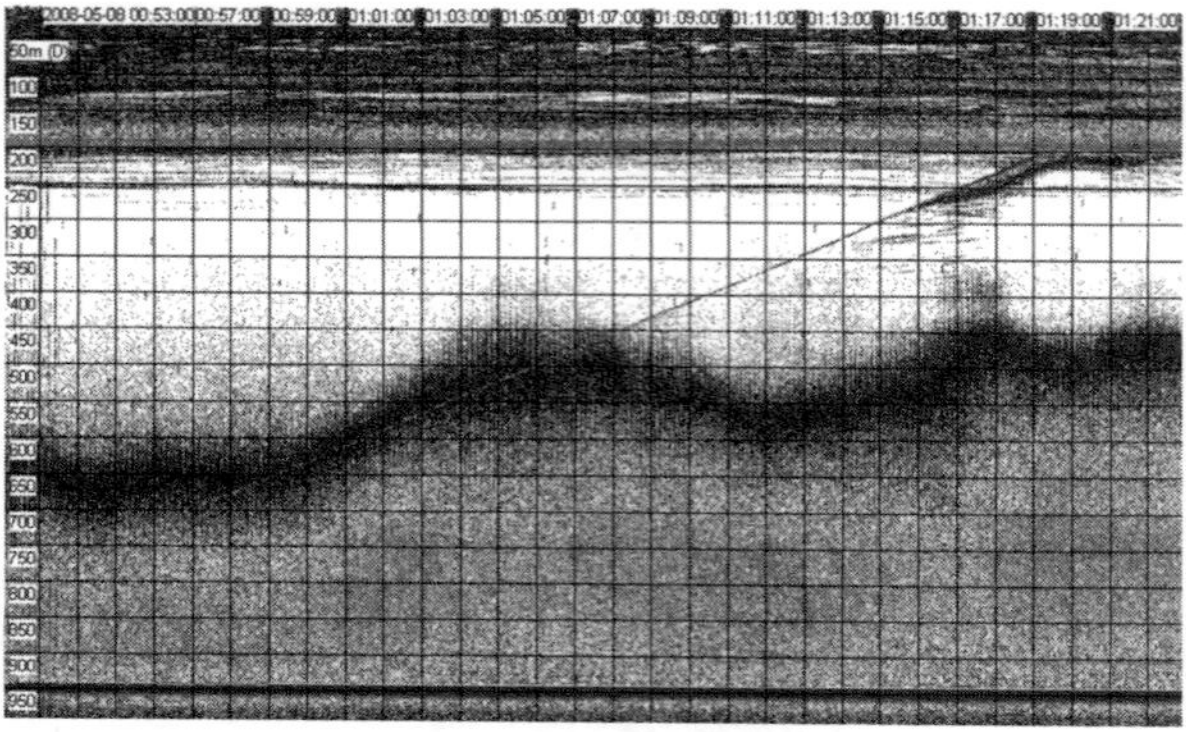

図版⑮　メタンハイドレートの塊の浮上を捉えた魚群探知機の画像

どちらかを満たせばいいのです。勿論、減圧と加熱の両方をやってもいいです。図版では右斜め上に行くので効率は高いのですが、先述のとおり、深海水を温めるのにはコストがかかります。圧力なら海底から上がってしまえば自然に低くなりますから、こちらのほうが安くすみます。

実際、海面に上げる実験を日本海側で試みました。その実験の経過を示しているのが図版⑮です。

中央を右斜め上に伸びている直線が、浮上するメタンハイドレートの塊の動きを表しています。縦軸は深さなので、上に行くほど浅くなります。横軸は時間ですから、右端がいま自分の乗っている船の位置とすると、左側に行けばいくほど過去になります。このように時間の経過とともに一直線に上がっているということは、自分の乗っている船の真下の深いところからメタンハイドレートの塊がずっと等速で上がってきていることになります。

上がってきている速度を計測したら、だいたい時速八〇〇メートルでした。ゆっくりとした速度です。日本海の深さはだいたい九〇〇～一〇〇〇メートルですから、一時間くらいかけて上方まで上がってくることになります。この実験で使ったメタンハイドレートは三〇立方センチくらいの塊でした。

八頁の写真⑫は第一章で紹介した海洋調査船なつしまに搭載されている無人探査機ハイパードルフィンから撮影したものですが、写真⑫-❺のように海底でキラリと、メタンハイドレートの白い塊の一部が顔を出していました。この塊の一部を取ってリリース（離す）して魚群探知機でウォッチしたのが一三〇頁の図版⑮です。

ハイパードルフィンにはマニピュレータというロボットの腕のような装置が付いています。握力が四〇〇キロもあるので、少々のモノならポキッともぎ取ることができます。この実験では、マニピュレータでメタンハイドレートの塊をもぎ取って、リリースしたのです（八頁の写真⑫—ⓓ）。

九頁の写真⑭の中央に立ち上がるのがメタンハイドレートの粒です。これは泡（気体）ではなく、メタンハイドレートの粒、固体です。直径三ミリから七ミリ程度の大きさです。この粒が浮上しています。これを魚群探知機で見ると、一一頁の写真⑱や一三頁の写真㉒のようなメタンプルームになるのです。

日本海側と太平洋側の違い

生成過程の違いが原因と言われていますが、日本海側と太平洋側だと、日本海側のメタンハイドレートは約九九％が純粋なメタンです。太平洋側はブタンやエタンなども含まれています。また日本海側は地質学的に見て、まだ若い海底です。それゆえ海底の下はまだ温かいので、メタンガスが深部で分解して上昇してくるのではと考えられています。

また、魚群探知機で観察すると、日本海側ではメタンハイドレートの塊が浮上していっても、水深およそ三〇〇メートルくらいのところで消えてしまいます。

日本海の底のほうには、日本海固有水〔註三〕という冷たい水の塊があります。その水塊の下部は海底から、上部はだいたい海水面から三〇〇メートルくらいまで存在します。その上は太陽光などの影響で急に水温が上がります。急に水温が上がると、メタンハイドレートはメタンガスと水に分かれてしまいます。水は海水と混ざってしまい、ガスもすぐ水に溶けます。だから魚群探知機で見ると、メタンハイドレートは水深三〇〇メートルあたりで消えているように見えるのです。

なくなってしまうわけではありません。水の中に溶け込んだのです。

「海底からこんなにブツブツと出ているのに、どうして海面で見つけられなかったのですか？」と、海底のメタンプルームの写真を見た人からよく訊かれるのですが、途中——水深三〇〇メートル付近のところ——で水の中に溶け込んでしまうから、海水面で泡を見ることはありません。だから船上からメタンハイドレートのありかを目視で見つけることは難しいのです。

〔註二二〕日本海固有水……日本海の約三〇〇メートル以深に存在する、水温〇～一℃、塩分三四・一％程度のほぼ均質な水のこと。日本海の海底地形は、隣接する海とつながる海峡の水深がおおむね五〇～一四〇メートル程度と浅く、海水交換は表層に限られることから、日本海固有水は孤立した水塊として分布している。日本海固有水は、日本海北部の大陸に近い海域で、冬季に海面で強い冷却を受けて密度が大きくなった海水が沈み込むことにより形成されると考えられている。

〝船長〟の長年の経験

第二章でも述べましたが、二〇一二年、兵庫県の協力を得てたじまという漁業調査船で日本海に調査に出ました。調査の前に兵庫県の関係者と打ち合わせをしました。このときにたじまの尾崎爲雄船長に初めてお目にかかりました。わざわざ兵庫県の香住から大阪までいらしたのです――あとから訊いたら、尾崎船長は「直に青山千春博士と話をさせてくれ」と、あいだに入っている兵庫県の役人に直談判したのだそうです。

船乗り同士だからか、話はすぐ通じて、ずいぶんいろいろな情報を交換しました。そのとき驚いたのが、尾崎船長は毎月の定例調査の途中、毎回魚群探知機で怪しいもの（海底からの高まり）を見ていたそうで、それが何なのかずっと気になっていたそうです。実はそれがメタンプルームだったのです。

尾崎船長は常時その記録を取っていたので、怪しいものを見ていた海域も正確に分かりました。その場所と私が最初にメタンプルームを発見した場所も同じ隠岐の東側でした。

実際、隠岐の東側には「隠岐堆《おきたい》」と呼ばれる、ちょっとした高まりがあり、その北側の斜面のところからメタンプルームが複数出ています。それを尾崎船長も魚群探知機で見ていたのです。

尾崎船長は平成二四年度で定年退官されたのですが、是非まだまだ活躍していただきたいです。研究熱心な船長とはいまでもメールのやり取りをしています。尾崎船長から、たとえば「魚群探知機の解析ソフトの取扱説明書を持っていたら、教えてくれる？」といった連絡が来ます。

メタンプルームを見つける魚群探知機は特別なものなのか？

私たちがメタンプルームを見つけるのに使用している魚群探知機は、普通の漁船が搭載している魚群探知機と基本的には変わりありません。だからコストが安いのです（一三頁写真㉓）。

違うところは、私たち研究者の使用している魚群探知機（計量魚群探知機といいます）は、データの保存ができて、調査後に解析ができる機能が付いていることです。あとは性能の違いはあっても原理は同じです。

これは何を意味しているかというと、メタンプルームを探すのに、地元の漁師さんの協力が得られるということです。地元の漁師さんたちが漁の行き帰りに魚群探知機にメタンプルームが映ったらその位置（緯度と経度）を研究機関に伝える。つまり人海戦術でプルームの位置情報を報告してもらい、そこへ調査船が行けば効率よく調査が行えます。「メタンハイドレートがどこにどれだけあるか」という基礎的な観測調査が急がれていますから、その時間短縮に貢献できます。

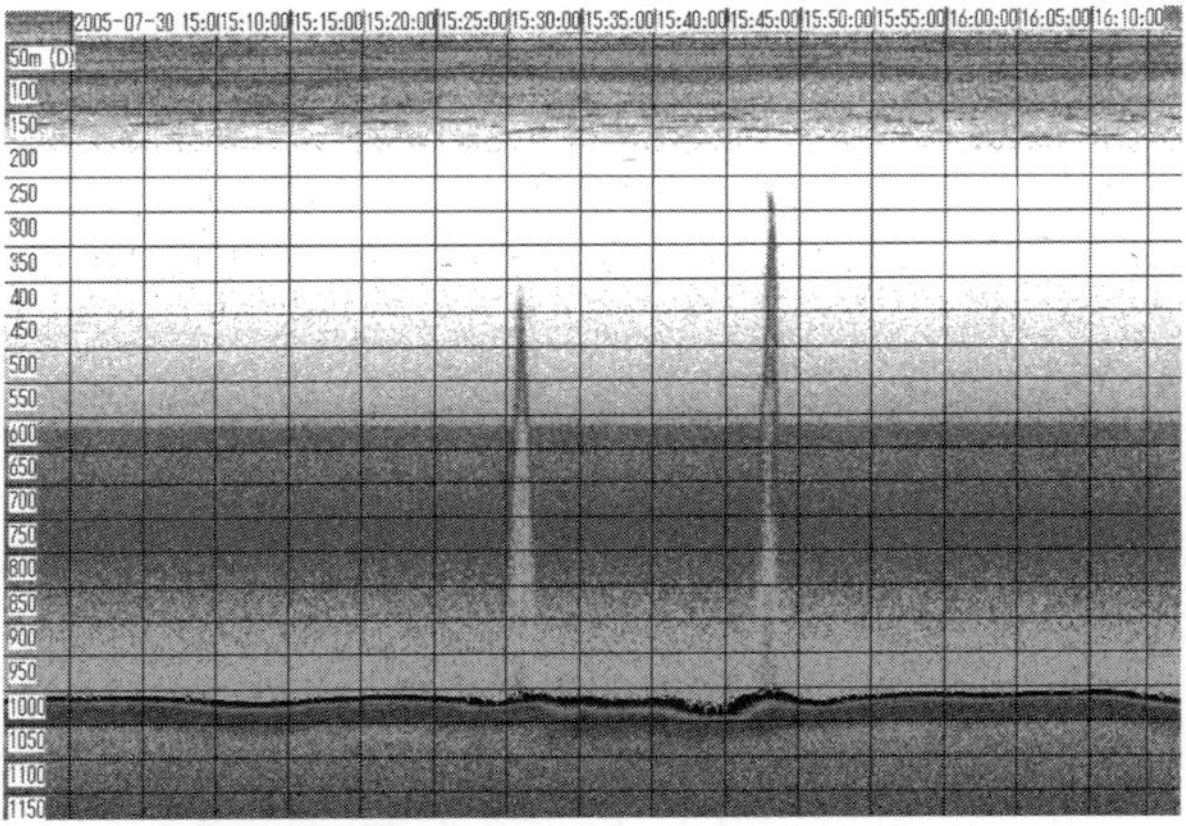

図版⑯　魚群探知機の画面に映ったふたつのメタンプルーム

たとえば、魚群探知機の画像を示す図版⑯でいえば横の座標が時間軸です。だからいま自分は右端にいることになります。右端より左側は過去の自分のいた海の中がどうなっていたかを示しています。このデータと位置のデータを組み合わせれば、どこにメタンプルームがあるかを特定することができるというわけです。

メタンハイドレートのあるところには、カニがいます

無人探査機ハイパードルフィンで海底のメタンハイドレート観察中に、カニがたくさん群がっているところがありました。カニたちの下には、メタンハイドレートがありました。「メタンハイドレートがある海域は、生物には有害なメタンガスのために、生物が生息していないのでは？」と予想していたので、この映像を見たときはびっくりしました。

一〇〇〇メートルもの深海になると、光が届かないので真っ暗です。光合成ができません。そういうところにはメタンガスなどからエネルギーを得る化学合成細菌〔註一三〕がいます。深海ではそういう細菌を起点に食物連鎖が成り立っています。細菌をプランクトンが食べて、プランクトンをカニが食べる。エサが豊富にあるのですから、カニが群生しているのは納得です。しかし、カニは真っ暗な海底でどうやって毎日暮らしているんだろうと、視覚が頼りの研究者である私は、不思議な感覚になりました。

メタンプルームは、実際ズワイガニ漁にも役立っています。日本海側の紅ズワイガニ

の漁師さんたちは、メタンプルームの出ている場所を「このへんはカニがよく獲れる」と知っています。

漁師さんは勿論、海中を魚群探知機で見ます。だから、メタンプルームが出ているところにカニがいるということを、昔から経験的に知っているのです。ただ、それが何なのかは全然知りません。「このろうそくの炎のような高まりがあるところにカニがたくさんいる」と、メタンプルームを目印にしてカニ籠をたくさん下ろしています。

漁師さんたちにとっては、メタンプルームの場所はカニのいる場所で、その場所の情報は貴重なのです。自分たちの収入につながりますから。どうも一部の漁師さんたちは「メタンハイドレートを採ったら、カニがいなくなる」という警戒感を持っているようですが、それは違うと思います。

メタンハイドレートがあるところにはカニがいますが、カニがいるところすべてにメタンハイドレートがあるわけではありません。だから、メタンハイドレートがなくなってもカニがいなくなるわけではありません。

漁師さんからすると、メタンプルームが魚群探知機で見られるから、メタンプルームがいい目印になります。だから、それが見えないところにカニがいても、探すのが大変じゃないだろうか……そう思われる方もいらっしゃると思います。

しかし、魚群探知機でカニを確認することもできるのです。

メタンハイドレートとカニの群生の因果関係は、いまはまだ詳しくは分かっていません。メタンハイドレートの周辺にいるカニを採取して、どんなものを食べているのかなど、生物学の研究者が調べています。学会で近いうちにメタンハイドレートとカニの関係が明らかになると期待できます。

〔註二三〕化学合成細菌……化学反応からエネルギーを得る細菌。主なエネルギー源は、硫化水素、硫黄、酸化鉄、水素分子、アンモニアなどがある。ほとんどは真正細菌（一般的な細菌、バクテリアのこと）か古細菌（高塩度、高酸性、高温など、他の生物が生存し得ない特殊な環境でしか生育できない細菌）で、熱水噴出口のような極限環境に棲息しており、その生態系の一次生産者である。

日本海でメタンハイドレートからメタンガスを生産する方法

日本海に多く存在する表層型メタンハイドレートは、二〇一三年愛知県〜三重県沖で試掘した減圧法（一六頁図版V参照）では採取することはできません。それは、表層型メタンハイドレートは塊で海底表面にあったり、海底下一〇〇メートル程度の比較的浅いところに結晶状で存在したりしているからです。

表層型メタンハイドレート採取方法の候補のひとつとして、解離チャンバーがあります。これは、ウォータージェットノズルから高圧の水流を出してメタンハイドレートと水を攪拌《かくはん》し、水に溶かしたメタンハイドレートを水ごとポンプで海上へ運び、ガスを回収する方法です。この方法は、清水建設が二〇〇八年にロシアとの共同研究で開発しました。ロシアのバイカル湖湖底にも日本海と同じような表層型メタンハイドレートがあるのです。

この方法を日本海で試す計画が、政府より発表されています。

この方法は効率があまり良くないので、今後の改良が必要でしょう。

それから、個人的に思うことは、この方法をロシアではなく、日本政府が開発予算をすべて出して、国内で開発したらもっと良かったのにということです。

次に、まだ開発されていませんが「こんな方法も有効では?」と研究者のあいだで話している方法があるので紹介します。

それは、お椀をひっくり返したような回収装置をメタンプルームの根元の海底直上に置いて、海底から湧出してくるメタンハイドレートの粒を捕集し、そこから大きなダクトのような管を通して船またはプラットフォームに運ぶという方法です。

このほかにも、日本海側の各府県の地元の企業で、こういう採取方法に応用できる技術を持っている企業は必ずあると思います。この前参加した「日本海連合」の会合で、私は「そういう企業を『日本海連合』で探してほしい」と提案しました。

しかしながら、一方で、私が学会で「日本海側のメタンハイドレートは土木的な方法で採って、ダクトにドンドン入れていくという生産法も考えられる」という提案をしたら、石油工学の研究者から、「そんなことしたら、海上で一七〇倍の体積に膨張し、ダクトが破裂する危険がある。賛成できない」と否定的なことを言われました。まずは前向きに検討してから、意見を言ってもらいたいものです。

氷期を間氷期に導くメタンハイドレート

よく、「地球温暖化になるとメタンハイドレートの大崩落がある」と言う評論家がいます。それはまったく違います。実はその逆なのです。

メタンハイドレートが氷期から間氷期[註一四]に移行するトリガー（きっかけ）になっているということが、最近の研究で分かってきました。氷河期のうち、寒い時期である氷期になると、気温がかなり下がり、海の中の氷が増えます。そうすると海水が減って海退[註一五]が起きます。海の水深がグッと浅くなるわけです。必然的に水圧が減って、メタンハイドレートが安定して存在することができなくなり、水とメタンに分かれて、大気中にもメタンガスが出てきます。先にも触れたように、メタンガスの地球温暖化効果はCO_2の二五倍です。メタンガスにより地球環境が温暖になっていき、氷河期のなかのかなり暖かい時期である、間氷期に移行していくというわけです。

これが周期的に繰り返されています。

〔註二四〕間氷期……氷河期のうち、気温が下がり、氷河の発達拡大した時期である氷期と氷期の間の時期。現在と同じくらい温暖な気候を示す。気候が温暖化するため、中緯度地域まで分布していた氷床が急速に融解し氷河も後退した。

〔註二五〕海退……海面の低下、あるいは陸地の隆起によって、海岸線が海側に後退し、陸地が広がること。逆に海が陸側に入り込んでくることを海進という。

第四章

開発研究者は国益を考えて

調査船に魚群探知機を搭載してください！

私の調査は魚群探知機を使います。二〇〇五（平成一七）年の共同研究で乗船した「なつしま」には魚群探知機が搭載されていなかったので、「魚群探知機を搭載すればメタンハイドレートの研究が加速度的に進みます」とＪＡＭＳＴＥＣの理事長に説明して、必要性を訴えました。ＪＡＭＳＴＥＣには成果報告会（年一回）があるのですが、二〇〇五年の報告会の前、共同研究の責任者から「ＪＡＭＳＴＥＣの船で挙げた研究成果じゃないけれど、海鷹丸でやった調査（七五頁参照）の結果を発表してください」と言われ、詳細に発表しました。そうしたら「あ、魚群探知機でこんなに見られるのか」と、現場の研究者の人たちが理解を示してくれました。

二〇〇五年、なつしまでの調査に出る直前、理事長と食事をしました。本項の冒頭で触れているように、理事長には魚群探知機搭載の必要性をずっと訴えていました。しかし理事長は食事が始まる前に、「ホントにすみませんでした。魚群探知機を付けるのは無理でした」と言いました。さすがにそのときはもう諦めました。「そうか。仕方ないな」

と。

ところが、その次の日に、機器担当の部長から連絡があり、「魚群探知機をなつしまに搭載することにしました。ついてはどんなスペックの魚群探知機が良いのか、意見を聞かせてください」という逆転サヨナラヒットくらいの結果が待っていました。

その部長はとても理解のある方で、魚群探知機でメタンプルームが見えるという私の成果発表をよくご存じでした。実際に翌二〇〇六年の調査では、新搭載の魚群探知機を使ってメタンプルームを見つけ、ハイパードルフィンを誘導して、メタンプルームの近くまで下ろして、大変貴重な写真や映像を数多く撮ることができました。

メタンプルームのすぐ下にはメタンハイドレートが非常に大きな結晶で見えていたり、メタンハイドレートがかつてはあったと推測できるところがガーッと崩れて崖になっていたり、とても有益な調査になりました。

ただ、このときには、まだ魚群探知機に映ったメタンプルームの正体を見つけることはできませんでした。

日本海のメタンハイドレート研究に石油メジャーのマネー

大学教授の研究グループが二〇一二年一〇月に記者会見を行いました。「日本海連合」が「一府九県でやります」と発足の記者会見を行った二か月あとです。会見冒頭で「いろいろ騒がしいので、われわれも会見を開いた」とおっしゃり、どうも「日本海連合」発足を意識されているようでした。

会見内容は、学術的な解析結果で新しいことが分かったのではなく、「メタンプルームがたくさん見えました」といった程度の報告が主でした。そのなかの「オホーツク海あたりで、初めてメタンプルームを発見した」という発表が、最初の「オホーツク海あたりで」が抜けて、〝世界で初めて〟みたいになってしまったようです。

あとになって、そのグループの教授からメールをいただいたのですが、そこには「『日本海連合』の発表があり、裏に青山さんたちがいると思った。このままでは自分たち研究者の研究が邪魔される。日本海の自分のテリトリーが荒らされるんじゃないかと、焦った」というようなことが記されていました。

独立総合研究所は、そんなことはまったく考えていなかったので、驚きました。むしろ逆で、独研は、基礎調査をできるだけ早く実施できるように人海戦術で学術調査のサポートをするという考えでした。

自由民主党が野党時代、政権に戻る直前に経済産業部会を複数回、開きました。そこでメタンハイドレートが議題になり、私と青山繁晴も議員の前でレクチャーしました。自民党は別の回に教授にも来ていただいたそうです。その場——公開の場です——でメタンハイドレートにフェアな関心の強い片山さつき参院議員が教授に直接、「どこかの企業から資金的な援助を受けていますか？」と訊いたそうです。そうしたら、教授は石油メジャーから研究費をもらっていると認めたのです。元総務大臣の新藤義孝代議士もこのときに部会に参加してそれを聞いていました。片山さんもこの件についてツイッターでつぶやいています。

国内石油会社の国士

この石油メジャーのことについては、国内の石油会社のA技術本部長（当時）と話をする機会を持ったことがあります。A氏はMH21検討会の検討委員でもあります。「どうして日本海側に予算をつけないのか？　メタンハイドレートがこんなにいい条件で在るのに、おかしい」と、MH21の検討会で初めて意見を言ってくれました。検討会が終わったあと、私は思わずA氏にかけよって「今回は私たちの言いたかったことを言っていただき、ホントにうれしかった」と名刺交換しながら話をしました――MH21検討会は一般人も傍聴できるときがあり、そういう機会には私はいつも傍聴しています。

私がA氏と挨拶をして別れたらすぐに、MH21のプロジェクトリーダーが私に近づいて、「いまA氏とはなんの話をしていたんですか？」と訊いてきました。さらに「さっきのA氏の発言、『日本海もやれ』っていうのは、あれは『太平洋はもっと頑張れ』っていうことですよね？」とトンチンカンなことをおっしゃるのです。

「そういう意味だったですよね？」と、圧力をかけるつもりでおっしゃっているようだったから、「全然違いますよ」と答え、「ホントにあの言葉どおりで、日本海をもっとやりなさいということでしたよ」と返しました。

その一件があってから二か月ほど経って、青山繁晴と一緒にA氏に会いに行きました。そうしたら、A氏の所属する会社にも石油メジャーから「日本海側の開発を一緒にやりませんか」とお誘いがかかっていたそうです。でもA氏は「そんなことやったら大変なことです。開発技術を全部向こうに持っていかれちゃいますから。だから国益のために私は断固として受け付けなかった」ということでした。私も青山も「この人すごい。国士だ。やはり良心派がどこにでも必ずいるのが日本という祖国だ」とうれしく思い、勇気が出ました。

子々孫々を考慮しない日本、真逆の諸外国

中国人が、なぜ尖閣諸島の領有を一九七一（昭和四六）年から不当にも突然、主張し始めたかというと、やがて四〇年、五〇年後に尖閣諸島の下の海底油田、海底ガス田が

自分たちのものになると思ったからです。その当時の中国共産党や軍の幹部がそこまで生きているはずがありません。若い人でも六〇歳ぐらいでしたから。彼らはあくまで次の次の世代、子孫のために主張していたわけです。

ロシア人も同じです。天然ガスは採ったら終わりです。でもメタンハイドレートは毎日プルームが出ていて、これからもずっと地球の、おそらくマグマに関連する活動が続く限りは、つくられていく可能性があるのです。それについては学会で発表されています。

勿論、ロシアはそこに注目していますから、メドベージェフさん（元大統領、現首相）が北方領土の国後島に二回も行ったのです。政治家だから訪問の目的は複数あるでしょうが、ひとつはメタンハイドレートに重大な関心を持っているからだというのが国際社会の資源をめぐる学会などでは常識です。

北見工業大学〔註二六〕はロシアのバイカル湖やサハリン沖で、メタンハイドレートの調査研究を行っています。

清水建設はバイカル湖で表層型メタンハイドレートの採掘方法（解離チャンバー方式

〔一四一頁参照〕）をロシアと共同開発しました。

バイカル湖は学術的に魅力のあるフィールドなので、わが国もロシアや韓国などと共同研究を行っています。こういうときも他国は国益を考え、戦略的に行動しているということを、日本の研究者は理解しておく必要があると思います。

こういう日本を取り巻く海外の動きについて、是非日本国民に知ってもらいたいです。

〔註二六〕北見工業大学……工学部単科のみの国立大学。一九六〇年設立の北見工業短期大学が前身で、一九六六年に北見工業大学として開学した。日本最北に位置する国立大学で、寒冷地の産業を支える人材を育成してきた。寒冷地の環境に適した技術研究や、北海道、とくにオホーツク海側の産業に関連する研究が行われている。

メタンハイドレートの問題点ばかりを強調するマスメディアに注意

繰り返しになりますが、二〇一三年三月一二日の「愛知県〜三重県沖でメタンハイドレートより天然ガス採取成功」のニュースの続報で、採取成功後五日間でパイプに砂が目詰まりしたため、作業が止まったというニュースが流れました。

私がこのあいだテレビに出演して解説したとき、「目詰まりのため五日間で試験が中止になったということは、失敗したということですね」と言ったコメンテーターがいました。

その考えは間違っています。問題点が出てくることは逆に有益なのです。なぜなら五日間分のデータが取得できた、そして目詰まりのデータが取得できたのです。次の試掘は平成二八年度（予定）なので、それまでにこの失敗データを基にして、装置の改良を行えばよいのです。なぜならいまは試験段階だからです。

日本のマスメディアの多くが、実用化が難しいですよと決めつけて、ダメありきで話を展開させているのはほんとうにアンフェアです。「メリットは？」と訊くより、まず「デメリットは？」とか、「問題点は？」と訊いてきます。

こういうとき、私は「デメリットはない」と言い切っています。ほんとうにいいことばかりなのです。自国の領海内で陸地から見えるぐらい近い海域にメタンハイドレートは在るのです。

メタンハイドレートの「問題点」として、「地球温暖化で海底のメタンハイドレートが溶けて、大崩落して、大津波が起きて大変なことになる」と言っている評論家がいますが、これは完全にフィクションです。

メタンハイドレートが減ることで起きる大陸棚地滑りと大津波を描いた『深海のYrr』（フランク・シェッツィング著　北川和代訳　ハヤカワ文庫）という小説が出ていますが、これを本気にしてコメントしている評論家がいるのです。

かつて櫻井よしこさんも『週刊新潮』（二〇〇七年四月五日号）に、「メタンハイドレートは悪魔の資源」[註二七]という記事を掲載していて、保守派の櫻井さんなのにこんなことを書かれていると、青山繁晴とふたりで櫻井さんのお宅にお邪魔し、メタンハイドレートについて解説したことがあります。「記事の元になっているのはどなたの話ですか」と訊いたら、旧帝大（東京大学ではありません）の名誉教授とのことでした。典型的な石油工学の利権派の先生です。私たちの話をうけて櫻井さんは、きっぱりと「よく分かりました。これを安倍（晋三）さんにも伝えなくては」と、美しく背筋を伸ばしておっしゃいました。

いずれにしろ、海底が崩れるとか、地震が起きるところにできるから地震を誘発するとか、そんな話が独り歩きしています。このあいだも、BS朝日のディレクターに「メタンハイドレートが地震を誘発するってホントですか?」と本気で訊かれたばかりです。まるでナマズを起こすと地震が起きるというような話です。多くの人がメタンハイドレートに関してこのような間違った認識でいると、メタンハイドレートの実用化は実現しないのでは? と心配になります。

〔註二七〕「メタンハイドレートは悪魔の資源」……櫻井氏は『週刊新潮』(二〇〇七年四月五日号)に掲載された連載「日本ルネッサンス」の拡大版特集「『環境』が危ない」において、「大気中の二酸化炭素濃度削減の鍵がメタンハイドレートの崩壊防止にある」と記した。そのうえで「地球温暖化効果は二酸化炭素に較べて実に24倍」あるメタンガスを地中や海中に閉じ込めることが重要とし、メタンハイドレートを封じ込めている圧力を変化させる一例として、海洋資源の開発に伴う掘削を挙げた。明確に「掘削がメタンハイドレート層を破り大爆発を引き起こした例は、20世紀だけで40件を超える」と記し、海洋資源開発に警鐘を鳴らした。ただし、あくまで二〇〇七年段階の記事である。

供給側主体の怪

メタンハイドレートをそのまま、天然ガスを使っている火力発電所へ持っていったら、すぐに使えるのでしょうか？　それを確認すべく、青山繁晴が複数の火力発電所の所長にヒアリングしたことがあります。

結論として、メタンハイドレートから採れた天然ガスはいまの火力発電所でほぼそのまま使え、発電できます。

それを聞いた青山が「それなら、なんで『メタンハイドレートの実用化を早くやるように』と要請しないんだ？　あんな高い天然ガスを買わされているのに」と言ったら、「いや、われわれは需要側で、日本では需要側は決められないんですよ。供給側が決めることになっているんです」との答えでした。

こんなことになっているなんて、国際社会では発言できません。日本以外の国では理解できないでしょう。資本主義なのに、需要側が決められないというのはおかしいと思います。

これはもう一種の配給制だと思います。お上が「これは使ってよい」と決めたものを、しかも言い値で買わせていただいているのです。わが国は同じ中東産の液化天然ガスをドイツなどと比べ信じがたい高値で買っています。

青山によれば、日本が高い値段で買うことによって、日本の石油会社、商社、運送業者などが潤い、そこに一部の政治家や官僚もぶら下がる仕掛けになっているとのことです。

その一方でメタンハイドレートが、彼らにとって困ったことになる理由は、おカネがかからないことだそうです。おカネがかからないと確かにマージン（もうけ）が少なくなります。

一刻も早くメタンハイドレートを実用化して、そういう構造を国民みんなで克服したいのです。

経産省で見た国士

二〇一二年、「日本海連合」の立ち上げがあってから、政府も全体的にメタンハイドレートの開発に積極的になりました。そんななか、ある地方自治体の首長が、「経済産業省の石油・ガス系の役人は青山繁晴さんが嫌いのようです。一度、話しに行くのはどうですか？」とすすめてくれました。そこで、青山繁晴と私は、経産省資源エネルギー庁の新しい部長――メタンハイドレート開発の責任者――にアポを取って会いに行きました。

部長の部屋に通されました。ところがこの部長は、初対面なのに初めから態度がすごくけんか腰でした。青山が関西テレビの『スーパーニュースアンカー』という番組で、経産省にはいろいろ問題があるという話をしているのを、全部文字起こしして読んでいたのです。

三〇分間の面会時間のうち、最初の二〇分間は、青山と部長の激しい口論に終始しました。部長が「青山さんが事実でないことを基に『スーパーニュースアンカー』で、経産省を非難するのはけしからん」と言い、青山が「事実を述べているだけだ」と言い、そのうち完全な怒鳴り合いになりました。部長室のドアは開けっぱなしのままで、部下のいるところにも怒鳴り声が響き渡っていたと思います。

ところが、ちょうど二〇分経ったころ、部長は急にトーンダウンしました。そのうえで「青山さんの言っている、『日本海にメタンハイドレートの塊があると分かっていながら、われわれが意図的にそのままにしている』という話は、正しいかもしれない」と言いました。そして「でも、青山さんの言う既得権益を守るためにやっているのではない。ただの不作為だけれども、怠けていたのはほんとうだ。だから私がこれから責任を持って日本海もちゃんとやる」と宣言してくれたのです。

うれしかったです。部長は、ほんとうはそれを言うために二〇分間、青山と怒鳴り合いをしたように部下たちに見せたのだと思います。

最後に、部長と青山はお互いの携帯番号を交換して、握手をして別れました。「今後は、何か疑問があったらお互いにやり取りしましょう」ということになりました。

私からは、部長に以下のみっつのことをお願いしました。

①学術的な基礎調査

自治体のアシストにより、調査を効率良く実施していただきたい。

②表層型メタンハイドレートの生産技術の創成

日本海に特徴的な表層型メタンハイドレートを採掘する方法（以下、生産手法）は、まだ開発されていない。ＭＨ21で現在開発している生産手法とは別の、たとえば海洋土木的な生産手法が必要である。

そのシーズ（技術）を発掘し育成することが、国益を守るためには、最重要課題である。

海洋土木的な生産手法のシーズ発掘・育成を行う。これは、たとえば「日本海連合」から始めて、「日本海連合」から経産省へシーズ発掘・育成に関する提言を行うのも有効。シーズ発掘・育成の実施は、学会との連携で行うと、短期間に有効な方法が効果的に発掘可能である。学会はたとえば土木学会、海洋調査技術学会や建築学会がある。青山千春は土木学会の会員であるが、当学会のフェロー会員にリサーチしたところ、シーズ発掘には学会が全面的に協力するという回答を得ている。

③海洋資源開発に特化した組織づくり

地方自治体と経産省と学術研究者という縦横のつながりが必要なので、政府主導で特化した組織を構築していただきたい。

私の研究で何が進んだか

私は、二〇〇四年から毎年、東大との共同研究により、メタンプルームの調査や現場での実験を行い、成果を論文や学会で発表してきました。そして、メタンハイドレートの粒は時速約六〇〇メートルで浮上してくることや、メタンプルームはメタンハイドレートの粒の集まりであることを明らかにしました。

魚群探知機を使ってメタンプルームを発見するという、私の方法を使ったことで、日本海の調査は期間短縮できたと自負しています。

共同研究者のひとりとして調査に参加すると、自分のもらえる時間は限られますが、異分野の調査結果も同時に入手することができて、包括的な知見が得られるのが研究者にとってのメリットです。

そこで、私は共同研究では、いつも「船に乗りたい」と希望を出してきました。ところが最近では、調査前の打ち合わせに何回も出席したにも拘らず、最終的な段階で「実はほかのチームの研究者も一緒に乗るから」と切り出され、「そちらの人数がこれだけ必要で、そうすると部屋がなくなってしまうんです。悪いですけど……」と断られてしまうことが複数回ありました。

それは研究者としては残念なことですが、これがきっかけで「それなら独自で船を出そう」という考えに方向転換できました。

共同研究では時間をシェアしなければいけませんが、単独調査は時間を自由に使えるというメリットも、国民に自由に情報を公開できるというメリットもあります。このメリットを活かして、今後も研究を続けます。

独研にいたからこそ

ある年の日本海での共同研究の調査中、船上で、ある若手研究者が私に質問しました。

「独研は民間会社ですよね？　自然科学部長の青山千春博士が、こんなに長く海に出ていて、よく許してくれますね？」

そうなんです。どこかの会社や自治体から委託されていたら、そこから人件費は出ますが、このころのメタンハイドレートの調査は、委託ではありません。私の人件費は独研の持ち出しでした。

会社の利益にならないのに、「国益」のためという理由だけで、調査研究を続けてこられたのは、独研だったからです。

株式会社なのに利益を追求しない独研。ここ以外の会社では、研究を続けてこられなかったと思います。

正直に申し上げて、私ひとりだけではここまでメタンハイドレートの研究を続けることはできなかったと思います。やはり配偶者が青山繁晴だったことは大きい。それに私が独研という独立したシンクタンクに所属していることも。

もしも私が独研にいなかったら、自治体の船にも乗れなかったし、自前の船にも乗れませんでした。

第二章で触れましたが、実際に二〇一二年、独研が傭船費を出して、第七開洋丸で調査に出ました。それまで何度も行っていた佐渡の南西沖で、音響のデータを取るのが第一の目的でした。第七開洋丸は性能のいい機材がたくさん搭載されているので、迅速なデータ解析が可能でした。その結果、３Ｄでメタンプルームが出ている様子を再現することができました（一一一頁写真⑱）。

すると以前共同研究していた主任研究者から抗議がありました。「佐渡の南西沖にメタンハイドレートがあることを知り得たのは、私が主任研究員を務めていた研究に一緒に行ったからのことなので、私に無断で調査をしてはいけません。調査結果は公表してはなりません」とメールがきました。

すでに場所が公表されている海域に、独自で船をチャーターしたうえで調査研究して、それを公表して、なぜいけないのかがいまだに理解できません。

私の配偶者が青山繁晴であったこと、一九九七年にメタンハイドレートに出逢ったこと、青山が独立総合研究所を立ち上げたこと、……これらはすべてまさに天のはからいで、メタンハイドレート実用化は、「祖国を甦らせよ」と先人たちが私たちに与えた使命なのだと考えています。

第二次安倍政権が発足して、メタンハイドレート開発をめぐる環境は少しずつ良化していっています。しかしまだまだ高い障壁はあちこちにあります。それを崩すのは、主権者たる国民のみなさんです。メタンハイドレート実用化に向けて強い意志を持って、ともに進んでいきましょう。

第四章　開発研究者は国益を考えて

参考文献

大辞林　第三版（三省堂）
ニッポニカ・プラス（小学館）
日本大百科全書（小学館）

希望の現場とは何だろう

青山繁晴

第1節――にんげんの尊厳

この書物は、青山千春博士が学界のなかで不利になる可能性も覚悟しつつ「ふつうの国民のみなさんがメタンハイドレートを分かる本がない。今、それが日本国にどうしても必要です」と、こころを決めて著した一冊です。

青山千春はいくつか仕事を持っていますが、その柱は、現役のプロの科学者であることです。常に、新しい学術論文の完成をこつこつと進めています。

その論文作成の時間を、どうやって作るのか。横でそれとなく見ていると、実務の日程が詰まりに詰まっていますから、その隙間を縫っても時間はつくれない。睡眠を削りに削る。眠くて、ぐらぐらしながらも論文に噛《かじ》りつく。その意志の強さには、本人には一度も言ったことはありませんが驚きます。

博士号を持ち、充分に成熟した科学者ですが、先輩学者と繰り返し待ち合わせ、その都度、長時間にわたる論文指導をきちんと謙虚に受けつつ、今も、完成間近の重要な未発表論文があります。

それもまさしく、日本国民の資源としてのメタンハイドレートに関する論文です。

この先輩学者は、メタンハイドレートの実地研究の先駆者というべきかたですが、まったくの無償でこの論文指導をなさってくださっています。このかたに、何の見返りもありません。

ぼくは、ひそかに敬服の念を深くしています。ふたりの学者の志が、ごくさりげなく響き合っています。報われることとか、世に出ることとか、そんなことは最初から考えてもいない努力がここにあります。

ふたりの学者が目指しているのは、メタンハイドレートの研究をあくまでも学問として正しく深めること、それを通じて世に、祖国に貢献すること、それがあるだけだと感じ取れます。

青山千春は、私生活では、ぼくの配偶者です。そのことと、公の仕事は関係ありません。女も男も関係ありません。

このふたりの学者の知られざる努力に、ぼくは、にんげんの尊厳を見出《みいだ》しています。

ぼくは、この書『希望の現場　メタンハイドレート』の本文として青山千春博士が執筆した原稿のゲラ（印刷まえの試し刷り）を読んだとき、「きみの学界内での立場は大丈夫なのか」と、聞きました。

「いいえ、まったく大丈夫じゃありません。もう論文も受け付けてくれない可能性があります」

「え、いま仕上げつつある論文もか」

「はい」

ぼくは胸を突かれました。

イラク戦争や旧ユーゴ戦争の戦場をふくめ、それなりに修羅場を体験してきました。胸の内のショックが身体にまで顕《あらわ》れることは滅多にありません。しかし、この短い会話のあとは、喉がすこし塞がる感じがしました。論文が無視されるというリスクは、まさしく学者生命に関わるからです。

しかし青山千春博士は、さらりと、顔色ひとつ変えずに淡々と答えたのでした。

「立場は大丈夫か」。この問いは実は、本書を企画する段階から何度も尋ねたことでした。思わず、重ねて聞かないではいられなかったのです。

不肖ぼくの書物は、波紋や論議を呼ぶのがむしろ任務です。そしてぼくは、一切が自由な立場です。近畿大学経済学部で客員教授として国際関係論を教えています（現在は東京大学教養学部の非常勤講師も務めています）が、学界の縛りはまったく受けません。

しかし、青山千春博士は狭い学界のなかでも生きていかねばならないひとです。そうしなければ食べていけないという意味ではありません。食い扶持《ぶち》を守るために保身せねばならないという意味合いはゼロです。

青山千春は、日本初の独立系シンクタンクとして創立された独立総合研究所（独研）の取締役自然科学部長であり、また現在は、人手の足りない独研で、総務部長代理も兼務しているからです。（新書版での註。現在はいずれも退任）

独研は株式会社組織ですが、それは、補助金の類は一切受けず、自力だけでみずからを養い、誰にもどこにも遠慮することなく動けるようにするための株式会社であって最大利益は追求せず、最小限度の内部留保しか持ちません。

最大に追求するのは、国益です。

国益を護るのは官だけの仕事ではありません。民《みん》にしかできないことがあります。それでも役員報酬や社員の給与はきちんと支払っています。これからも支払えます。

その意味では、独研の一員である青山千春博士は、ふつうの立場の学者よりずっと自由です。

しかし、このひとりの女性科学者が天から与えられた任務を果たすためには、学界も大切にせねばならないという意味です。

ぼくは記者時代に科学記事を書いていたとき、学界の内側の嫉妬や嫌がらせ、足の引っ張り合いの陰湿ぶり、派閥争いや保身の政治家顔負けの凄絶さを充分に目撃しています。

良心派の学者もいるし、たとえば利権派とみられている学者にも良心的な行動があらわれることもあります。単純にはみていませんが、とても難しい、狭い世界であることは間違いありません。

この書『希望の現場　メタンハイドレート』は、その世界で生きるための処世術を、あえて踏み越えています。

青山千春博士みずからは、ややこしいところのない、シンプルな性格です。

学界内の何も憎まず、誰も嫌わず、先輩、同期、後輩、さまざまな学者それぞれの業績、意見と立場をそのままに尊重しつつ、これからも学者として生きていくことを選択しています。

本人は学界内のことについて、ほとんど何も言いません。そもそも説明、弁明をしない女性だし、そんな暇もありません。それでも、「あくまで学者として生きる」という意欲は日々、よく伝わってきます。

それにもかかわらず、たった今、身を削って作成している論文が無になるという不当なリスクも生じかねないと承知のうえで、この書物を庶民、国民に向けて問うことを、ちっとも気負わずに優先させています。

この書は科学者、学者の世界からすれば単なる一般書です。学者として得になることは何もありません。

学界では、実は論文の数がその学者の地位を左右します。論文の質が問われないとは、まさか言いません。質もちゃんと問われます。しかし何よりも論文数が多いか少ないかが決定的なのです。

だけども論文の数を増やすより先に、庶民、国民と一緒に考えることを、このひとりの女性科学者は考え、行動に移しました。

それは、ドクター・チハル・アオヤマという国際学会に参加するひとりの人間が、独研のもっとも大切な理念を肩肘張らず、ありのままの哲学として実践できる人材になっていることも意味すると、ぼくは本書のゲラを前にして考え、独研を率いる社長（当時）として、ひそかに心強く思ったのです。

この書は、「アシスト・バイ青山繁晴」となっていますが、それは、この一文「希望の現場とは何だろう」の執筆を指しているだけです。

ぼくは独研の代表取締役社長および首席研究員（当時）として、青山千春博士のメタンハイドレート研究を日常の責務としてアシストしていますから、その意味も無くはありません。

またぼくは、国家のエネルギー安全保障をめぐる公職を、いくつか務めてきましたから、公務としても、メタンハイドレートの研究開発を広い意味でアシストしています。〔註＊〕

註＊――青山繁晴は、危機管理などをめぐって内閣総理大臣任命による日本版ＮＳＣ（国家安全保障会議）創立の有識者会議・議員や海上保安庁長官任命による海上保安庁・政策アドバイザーといった公職を歴任しているが、そのなかに経済産業大臣の諮問機関「総合資源エネルギー調査会」専門委員などエネルギーに関する公職も、複数ある。（編集者・記）

しかし、この書に関しては、青山千春博士みずからの肉声です。ぼくがアシストした作り声ではありません。飾らない、本人の肉声です。

その肉声は、実は編集者の予想よりずっとコンパクトだった。話が簡潔に絞られていて、そもそも一冊の書にするには、原稿が足りません。

ぼくは正直、オモシロイ展開だと思いました。科学者が本を書くと、こんな風に、まるで純粋な子供が問わず語りに語るように簡潔になるのか。このまま出せばいいじゃないかと考えました。

ところが、編集者と青山千春博士が話し合って、ぼくに「長すぎる後書き」を書いてくれないかという、これはこれで面白い提案があったのです。

ぼくは、青山千春博士が書いた原稿を、もう一度読んで、引き受けました。

青山千春が明らかに手控えて書いた部分もあると、理解したからです。ぼくの自由な立場で、それをフェアにすこしだけでも補うべきだと考えました。

何かを、青山千春博士の代わりに暴露するということではありません。事実関係で補うべきことがあれば補います。それだけです。

他に明らかにすべき事実があれば、それは、ぼく自身の書物で、必要があれば明らかにします。その「必要」とは、メタンハイドレートの調査研究をフェアに前に進めて、祖国を資源大国にするためだけに「必要な情報」です。

ぼくはプロのもの書きでもあり、青山千春博士は、もの書きではありません。

その立場の違いがあっても、誰かを悪者にするために本を書くのではない、その一点では、見解を擦りあわせる必要もなく、おのずから一致しています。

祖国とアジアを前に進めるためにこそ、愛する日本語を使って書物を書くのです。

実際に執筆するのは、青山千春の書いた原稿が仮印刷されゲラになり、それを読んでからにしようと決めました。

そして実際にゲラを一読し、ぼくは、おのれの原稿を書き起こすまえに、青山千春博士に「大丈夫か」と聞いてしまったわけです。

ああ、ひとよ、尊厳をもって、この女性学者の私心なき学問研究を、ありのままに受け止めてください。論文の査読をフェアに行ってください。国の海洋調査船にちゃんと乗り組めるようであってください。

第2節——水の流れのように

この一文は、「希望の現場」とは何かについて語るものです。

しかし本音を言えば、メタンハイドレートの調査と研究の現場はずっと、わたしたちにとって苦しみの源泉でした。

現在もそうです。

利益に繋がったことは、ただの一度もありません。

ただ、これは独研にとってむしろ当たり前です。利益のためにメタンハイドレートに関わっている側面は、もともと皆無だからです。

たとえば青山千春博士が本文で触れているように、表層型メタンハイドレート、すなわち純度九〇%を余裕で超えるメタンハイドレートの塊がそのまま海底面に露出しているか、海底下のごく浅いところに賦存しているタイプのメタンハイドレートを極めて安価に、しかも確実に発見する技術「AOYAMA　METHOD」（アオヤマ・メソッド。青山繁晴のアオヤマではなく、青山千春博士のアオヤマ）は日本と、アメリカ、オーストラリア、EU全加盟国、ノルウェー、ロシア、韓国そして中国の特許を取っていますが、特許使用料（ライセンス料）は一円、一セントたりとも受け取っていないし、これからも受け取りません。

もしも、ぼくらが東洋系のアメリカ国民だったら、ふつうに特許使用料も取り、国も民間も、ごくふつうにこの技術を活かしていくでしょうから、大金持ちになっていたでしょう。そして大金持ちになっても、民間会社がみずからの創意工夫で財を成し、それを通じて国益にも寄与しているのだから、アメリカ社会に変な嫉妬や誹謗中傷はあまり見られず、ぼくらは快適に、自己の利益と国家と社会の利益を両立させていくでしょう。

これがアメリカ社会であり、またアメリカほど徹底していなくとも、国際社会ではおおむねこれが常識です。

しかし、ぼくらは日本国民です。

わずか七〇年ほど前の先輩のかたがた、日本兵から沖縄の学徒看護隊の少女たちまで、ただ後世のわたしたちのためだけに、永遠にひとつしかない命まで捧げてくださって、この日本国に生を得ました。

日本を甦らせるためには、日本の国と社会のありのままの現実に立って、生きて、死にます。

独研や青山千春博士が、その特許をテコにメタンハイドレートの研究開発をめぐって利益を集めていけば、どうなるでしょう。

ぼくらの発信は、間違いなく「自分が得になるための発言」と受け止められ、メタンハイドレートそのものの理解さえ、必ず、曇って、歪んでいくでしょう。

独立総合研究所の目指すものは、日本が自前資源を持つ国になり、ほんものの独立を果たし、アジアと世界で資源戦争が起きることを抑止できる国家になることです。

日本海を中心に賦存する表層型メタンハイドレートは、熱分解起源のメタンハイドレートであり、永い期間、日々新しく地球が造り出す可能性があります。

さすれば、それをほんとうの意味で実用化すれば、日本国の資源を賄うだけではなく、輸出ができます。

アメリカ合州国（合衆国は巧みすぎる誤訳です）は、資源を通じて世界を支配してきましたが、われらはオリジナルな日本型民主主義に依って、そんなことは致しませぬ。

たとえば、中国の圧迫に苦しみつつ資源もないベトナムをはじめ、アジアと世界にフェアな安価で輸出していけば、前述した資源戦争の抑止を、現実に実践できます。

わたしたちの、たったひとつの祖国は、かつてはほんとうに資源が無かった。メタンハイドレートはそのとき既に日本の海にありましたが、それを知る人類はひとりもいませんでしたから。

アメリカをはじめ連合国軍に資源輸入路を封鎖されると、負けると分かっていながら、日米戦争を始めざるを得ませんでした。

私心なき開明派の将軍、われらの山本五十六連合艦隊司令長官が、帝国陸海軍のなかでもっとも強く日米開戦に反対し、陸軍から暗殺すら狙われながら一転、真珠湾攻撃に踏み切った背景は、ここにあると考えています。

そのために祖国は、アメリカの戦争犯罪によって広島と長崎の女性や子供、赤ちゃん、戦わざる高齢者らを原子爆弾の人体実験としてどろどろに溶かされて殺されることになりました。

その日本が初めて自前の資源を持ち、海外から高値の資源を輸入しなくて済むようになる道を、子々孫々のために新しく切り拓いていけるのなら、日本国民としてこれほどの希望があるでしょうか。

だからメタンハイドレートについて、国民の目を曇らせたり歪めたりすることがあってはいけない、そのためなら、ぼくらはごく自然に、おのれの利害は無視します。食っていけないのならともかく、贅沢をしなければ、ふつうに食べていけるのですから、それ以上は要りません。

利権あるいは過剰な利益を漁るひとびとは、日本の政官財そして学の世界に少なからずいますが、なぜ、その利が必要なのでしょうか。胸のうちで不思議に思ってきました。どんなに利を溜め込んでも、わずか一〇〇年経てば、ほとんどの人が死に、一五〇年経てば、確実に誰もいません。棺のなかへ持っていっても、使えません。棺はすぐに溶けて、土のなかか、風のなかか、いずれにしてもカネも財宝もまったく意味を成さない世界へ、みんな往きます。

命は、おのれのことだけを考えて保身や利に生きれば、これほどつまらないものはありません。

結果はすべて同じ、あっという間に空しくなるだけのことだからです。

生きとし生けるものの命は、あとに繋ぐだけがすべてです。

もともと生命は、そのために誕生しました。

祖国の次の命に、初めて自前の資源を手渡すことができるのなら、おのれの利は求めずにいて、むしろ自然としか思えないのです。

なんの気負いも衒《てら》いも要りません。水が流れるように、ありのままのことです。

だからメタンハイドレートをめぐって利を求めないことについて、青山千春博士とただの一度も、話したことはありません。

独研の社内で議論になったこともありません。

第3節――「敗戦後の日本」を脱するために

青山千春博士とぼくらは、もう足かけ一二年以上、メタンハイドレートに取り組んできました。

そのほとんどの間、メタンハイドレートは、ごく一部の人にしか知られず、大半の国民が「日本は資源のない国だ。外国から買う天然ガスや石油が高くてもやむを得ない。

戦勝国として世界を支配するアメリカの仲介で、中東の王様や独裁者から天然ガスや石油を売っていただけるだけで、ありがたいと思わなけりゃいけない。だから、たとえば電気代も外国に比べて高いのも仕方がない」と思い込んできました。

いや、思い込まされてきました。刷り込んだのは、敗戦後の教育と、マスメディアです。さらには国会での審議も加担しています。

国会で議員は「日本は資源のない国でありますから」と当然の常識のように質問を始め、マスメディアは、中東から石油や天然ガスを買うことを「権益」と表現し、「日本国内で自前資源を確保するなど未来永劫、あり得ないことなんだから、資源をめぐる日本の権益はせいぜい、外国の油田やガス田にカネを出して、そこから出た原油や天然ガスを売ってもらえることしかない」という固定観念を、常に、国民に刷り込んできました。

そして学校では、小中高、大学から大学院に至るまで「敗戦国の国民としての振るまい」を実際には、教え込まれています。

この事実に世代も、性別も、地域も関係ありません。

ぼくら日本国民は、日本国が二〇〇〇年を遙かに超える統一国家の永い歴史のなかで、たった一度だけ、一九四五年に敗れた、そのときから、ずっと変わらず、同じ教育と刷り込みを受けてきたのです。

これはたった今の子供たちにも、続いています。メタンハイドレートは、それを一変させる、まさしく起爆剤です。

3・11から始まった福島原子力災害で日本全体の原子力発電が止められ、よけいに電気代が高くなりましたが、そのまえからとっくに、日本の庶民生活と産業界の電気代は異常に高いのです。

賢いはずの日本国民がずっとそれを受け容れてきたのは、これまで述べてきたとおりです。

ところが、二〇一二（平成二四）年の後半から急激に、日本国もメタンハイドレートという自前の海洋資源を抱擁していることが、少なくない国民に知られるようになりました。

こうなると逆に、いつもの通りに「日本を否定したいかたがた」がどっと繰り出してきます。

「日本が資源を持つなんて幻想だ」、「メタンハイドレートなんて資源じゃない」などなど、研究の現場をまったく知らない人や、あるいはうん十年前の研究を現在もそのまま通用するかどうか検証すらしないまま「私の研究」を押し出してくる人やらが、現れています。

また始まったな、敗戦後日本のおかしな慣習そのものの動きがここにもあると、ぼくは考えていましたが、青山千春博士も胸のうちで懸念を深めていたようです。

ぼくらは共に、最前線にいますから、たった今の実務に関心が集中しています。このような「何もしないうちから、わざわざ日本の希望の芽を摘む」動きについて、ほとんど話もしたことがありません。

しかし、この書のために彼女が書いた原稿を一読して、青山千春博士が懸念していることを知ったのです。

そして、本書を世に問う、青山千春博士の真意のひとつがそこにあると考えます。

ぼくらが遂行しているのは、メタンハイドレートを資源として実用化できるための研究ですから、学界の中でのアカデミックな研究にとどまることはありません。

すなわち、メタンハイドレートの値打ちがはっきりしてくれれば、国策として、わたしたちの税金も注ぎ込んで研究開発することになりますから、日本の唯一の主人公である国民、主権者の意思が最終決定権を持っています。

学者の世界だけではなく、広く国民みんなが公平に、ありのままに判断できる材料が不可欠なのです。

青山千春博士は、本書の冒頭でこう述べています。

〜メタンハイドレートをめぐる「政」「官」「財」「学」の実態を含め、私が目撃、直接関与した一次情報をあくまで客観的に記します。〜

これは、政官財学を追及するという意味よりも、自前資源を持つためには、われら国民自身が、これまでの政治、行政、経済、そして学問のあり方を変えねばならないという問題提起です。

誰かを悪者にして批判して終わるのではなく、これまで「資源のない国」を大前提に成り立っていた日本の仕組みを、主権者みずからが変える意思を持ってこそ、政官財学のあり方も変わっていくというポジティヴな呼びかけだとも言えます。

第4節――闇と光と

青山千春博士が二〇〇四年から、学会や学術的な報告会でメタンハイドレートの研究成果を発表し始めたころ、ぼくは独研の社長（当時）として、青山千春・自然科学部長（当時）から報告を受けました。

それ以前から、ぼくのささやかに多面的な専門分野のひとつは、エネルギーをめぐる危機管理でした。しかし、メタンハイドレートについて研究現場がどうなっているか、誰からも、どこからも、それまでほとんど聞いたことがありませんでした。

特に、日本海と太平洋にそれぞれまったく違うタイプのメタンハイドレートがあるといった情報は影も形も無かったのです。

情報が、直接の関係者以外には、まったく出されていなかったと言えます。

この青山千春博士の報告に先立つ二年前、二〇〇二年の四月に独立総合研究所を創立し一か月後の五月に、経済産業大臣の諮問機関「総合資源エネルギー調査会」の専門委員（エネルギー安全保障担当）に任命されました。経産大臣は、こころのきれいな国士、平沼赳夫さんでした。

その経済産業省の資源エネルギー庁と、主に東京大学の石油工学の学者たちが、太平洋側のメタンハイドレートに予算を使っていたのですが、知る機会はありませんでした。

そのなかで青山千春博士の報告がありましたから、なんらの予断もなく、まさか重大な話が含まれているとも思わずに、ごくふつうの業務報告を聞くつもりで聞いたのでした。

「メタンハイドレートのうち、日本海側に多いタイプは、わたしの開発した、魚群探知機を使う技術でとても安価に、きわめて確実に見つけられて、しかも純度のとても高い塊で在るのに、国の予算が全然つきません」

「全然って、ほんとうに全然か」

「そうです。全然です」

「きみは学会で発表しているじゃないか」

「学会で発表しても暖簾《のれん》に腕押しです」

「なぜ」

「政府や東大がずっと調査している太平洋側のメタンハイドレートは、分子レベルで砂と混じり合っていて、見つけるだけでもすごいコストがかかります。仮に見つけられても砂と混じり合っているから選り分けるのに、もっとコストがかかる……ということは資源として実用化に持っていくには、コストも時間もすごくかかるのは明らかなのに、太平洋側だけで予算を使っています。あとから分かってきた日本海側の研究開発は、ひたすら無視して全然やろうとしません」

正直、ショックを受けました。

真っ先に考えたのは、「おまえは、もっともっと謙虚になるべきだ」ということでした。

おまえというのは青山千春博士ではなく、誰のことでもなく、ぼく自身のことです。

「日本の社会と国家の闇を充分に知っているつもりが、いや、知ってはいなかった」と、額の真ん中を殴られた気分でした。

青山千春博士の報告は、例によってシンプルな事実だけです。誰かを批判したりもしていません。実際、この科学者には、それ以上の意図がないのです。事実をそのまま報告しただけです。

しかし、その背後にあるものが、ぼくには良く見えました。

別の言い方をすれば、「あとから見つかった、あとから分かったことは、それがどんなに画期的でも生かされない。それは、ただただ先に別のことに国の予算を注ぎ込むと決めて、実際に予算を使っている自分たちの立場を守るため」という日本の構造がはっきりと、ありありと顕れていました。

それは、日本という国家と社会の可能性や希望を、ずっと閉じ込めてきた構造です。祖国にとって何が必要か、よりも、自分自身と自分の居る場所の仲間の利害が自動的に最優先されている。

ぼくはひそかに、fully-automatic traitor　フルオートマティック・トレイター、すなわち「全自動裏切り者」と名付けています。

ちょっと茶化した言い方なので、これまで、おのれ以外に話したことはありませんでした。何かあるたび、こうでも胸のうちで呟いたりしないと、もう馬鹿馬鹿しくなってしまうからです。

全自動裏切り者。

保身や既得権益に関わるとなると、その瞬間、何も考えることなく自動的に、その自己の利害だけを基準に動き、しかもそれが決して国民にばれないように隠蔽も虚言も、何らこころを痛めずに行える。

そうした人々が、日本の官界では多数派であり、その多数派にぶら下がる学者も多数派であり、その官学を下支えする政治家もまた多数派で、そこにまた財界も繋がって、政官財学と、自分の頭で考えないマスメディアも加わり、日本の空を覆う見えない五角形になっている。

ただし、これは同時に、そうではない少数派の官僚も学者も政治家も、さらに経済人も記者も、確実に日本国には存在するということを真っ直ぐ指差しています。

ぼくはいつも、「日本は凄い国だ」と、こころの底から思っています。

ぼくは愛国者ですが、だからこう思っているのではありませぬ。くぐり抜けてきた、あるいは正面から衝突してきた事実からこそ、「日本は凄い」と考えています。

どこの組織にも、常に、いつの時代にも、おのれの良心のみに依って行動するひとがいるからです。

たとえば二〇一一年四月二二日、東日本大震災と福島原子力災害が始まって一か月余りのとき、作業員以外では初めて福島第一原発の悲惨な現場に入って、いちばん強く胸に迫ったのは、津波の脅威を軽くみていたみずからの責任を含めてフェアに戦う吉田昌郎所長（当時）の姿でしたし、「日本の福島はチェルノブイリとは違う。ひとりの死者も出さない」と戦う作業員のみんなの姿でした。

赤本というニックネームの付いている『ぼくらの祖国』（扶桑社）で、ぼくは、こう書きました。

（以下、引用）

若いひとは、十九歳の人がいる。高卒で、この原発で働いて、そのまま戦っているのだ。高齢に見えるひとに、「おいくつですか」と聞くと「ほんとうはね、六十七歳です」と応えられた。

「青山さん、私は長年、この原発から給料をもらっていたからね、とっくに定年になっているからと言って家に座ってられなくてね。まだ大混乱の時にマイカーで途中まで来て、道路の亀裂で進めなくなって、そこから歩いてきたんですよ」

ぼくは思わず、「週刊誌には、高い日当目当ての作業員と書いてありましたが、違いますね」と聞いた。

「日当？　そんなもん、しらん。ここにいる奴はみんな、青山さん、あなたが見ている通りね、俺たちがやらなきゃ誰がやる、福島県民のため、日本国民のためにやってるんだよ」

ぼくは思わず涙が吹きこぼれそうになった。すると作業員のなかを掻き分けるように、ひときわ背の高いひとが出てきて、その人は握手を待つのではなく、自分からぼくの手を両手で握った。そして「青山さぁん、よくぞ、こんな最前線の奥深くまで来てくださいましたなぁ、ありがとう、ありがとうっ」と大声で繰り返される。
ぼくはちょっと困った。手を放してくれない。そして、その人は言った。
「ヨシダです」
あ、そうですか。吉田さん。え、吉田さん？
これが戦うリーダー、吉田昌郎所長だった。
（引用、ここまで）

この『ぼくらの祖国』は思いがけず、ロングセラーとなっています。ぼくの書物がどうというのではなく、日本国民に、闇を見つめてほんものの光を見つけようとする意思が強いことを、感じています。

たった一度だけ戦争に負けたあとの日本では「敗戦国だから戦勝国にはまともな発言権がない。しかも資源がない国なんだから、資源を売ってもらえるように下手《したて》に出るしかない」という思い込み、ないしは国民に対して思い込ませることそのものが、巨大な既得権益となっています。

日本の中にこそ、日本をネガティヴな存在にしておくことが利権に繋がるひとびとがいて、それも飛びきり高位の役人や、自由民主党の有力な政治家を中心に存在するからこそ、マスメディアも常に「日本否定」の報道に流れていくのです。

国際社会の常識からすれば、信じがたいことですが、事実です。ただし過去と現在までの事実であり、ここからの日本国は違います。

その強力な牽引役のひとつがメタンハイドレートです。もはや「資源を売ってもらう」必要がなくなるのですから、これほど分かりやすい話もありません。

分かりやすいからこそ、それを隠そうとする動きも烈《はげ》しかったのです。

こうしたことを実感しているから、青山千春博士も本文の「はじめに」で「祖国再生の起爆剤」という、希望が燦《きら》めくようなタイトルを付けたのだと思います。

この書を手にする国民にいちばん、理解して欲しいことのひとつは、そもそも「予算」の意味が、国民と官僚とでは決定的に違うことです。

わたしたち国民にとっては、みずからの税である予算は、それを使って何が良くなり、何が変わったかが最大の関心事です。

あまりに当然のこととして、結果がすべてです。

ところが官僚にとっては、結果はどうでも良いのです。いささかの誇張もありません。記者時代を含めて三四年(当時)のあいだ、世界レベルからして最良と言える能力を持った官僚も含めて向きあってきた直接体験から、ただ、ありのままに申しています。

日本の官僚は、自分の所属する課、所属する局、所属する省庁が、予算をどれほど取れるか、それだけが勝負であり関心事です。

その予算で何が起きたかは、他人事です。まさかと思うひとも居るでしょうが、単なる事実です。

だから太平洋側を中心に賦存している、砂と混じり合っているメタンハイドレートに六〇〇〇億円近い予算と一〇年を超える年月を掛けて、まだ一粒のメタンハイドレートも実用化されていなくとも、そもそも何も問題は無いのです。

むしろ、もしも大規模に実用化されたりしては大変だったのです。それは別問題が生じます。すなわち戦勝国の国際メジャー石油資本の仲介で中東の王様や独裁者から高い、あまりに高い、日本だけがほんとうに高く買っている天然ガスや石油を買う必要がなくなってしまいます。

国際メジャー石油資本が何も言っていないのに、勝手に怖がり、そして高いからこそマージンが大きくて潤っていた日本の石油会社、商社などなどの企業と、それと繋がる官僚や政治家が困ると、これも、まともな試算もないまま怖がる。

太平洋側を中心に賦存しているタイプのメタンハイドレートは、まさしく青山千春博士の簡潔な報告にあったとおりコストが掛かるからこそ、いくらか難しい言葉であえて言えば「世界のエネルギーの需給関係に影響を与えない」。だから、研究開発しても問題ない。平たく言えば、中東産の天然ガスよりずっと高いんだから「日本はどうぞ、気休めにおやりなさい」で終わるだろうから、予算を付けて問題なかったのです。

保身は保身を呼びます。

前述したように、日本が日本海側を中心に賦存する純度のきわめて高いメタンハイドレートを実用化したとき、国際メジャー石油資本はどう出るか、世界のエネルギーの需給関係はどう変わるか、それを何も検証しないまま、あらかじめ閉じこもっている。

それが、つい最近までのメタンハイドレートをめぐる日本の政官財学プラス・マスメディアの実状でした。

青山千春博士の淡々とした報告は、その事実が浮かびあがる最初の情報だったのです。

第5節――悪者を作り出すのではなく

青山千春博士の報告は、逆に、日本に自前資源という希望がほんとうは生まれかけていることを教えてくれるものでもありました。

ぼくは、行動を起こしました。

メタンハイドレートについて、太平洋側を中心にある深層型ないし砂層型（海底深くに砂に混じって賦存するメタンハイドレート）だけではなく、主に日本海側にある表層型（純度の極めて高い塊で海底に露出するか、海底下の浅いところに賦存するメタンハイドレート）も、研究開発をきちんとやるべきだという働きかけを、まずは政と官に向けて開始しました。

共同通信にいた時代に政治部の記者を務めましたから、人脈はなくもありません。そのうち高級官僚から「青山さん、われわれだけじゃなく石油会社ともやり合うべきじゃないですか」と言われ、それはその通りだと考えました。

政治部のまえに経済部の記者も務めていましたから、そのとき築いたルートをたどり、大手の石油会社の社長に会いに行きました。

広い社長室で向かい合うと、社長は、ご年配ではあっても紳士のたたずまいがダンディなかたです。

開口一番、「青山先生ともあろう方が、こんな商売をなさるんですか」と、おっしゃいました。

その手には、独研から事前にお渡ししてあった計画書がありました。

話す相手は、民間の石油会社のトップですから「日本海でメタンハイドレートの共同調査をやりませんか」という計画書です。

ぼくは驚いて、「社長、その計画書をご覧になったんですよね」と問いました。「そこには、いかなる利益も求めていなくて、ただ調査の実費だけが計上してあることは、お分かりになっているはずです」

するとと社長は、「あ、それはそうですね」とおっしゃり、「では、これは、どうですか」とおっしゃった。

「青山さんは文系ですよね。私たちは理系です。文系の人からしたら、メタンハイドレートは塊の方が採りやすいように見えるだろうけど、私たちからすれば、太平洋側のメタンハイドレートのようなタイプでないと採れないんですよ」

ぼくはまた少し驚いて、「社長、ぼくは大学は確かに文系の学部を卒業しましたが、いまは小なりといえども総合シンクタンクの社長です。独研には、社会科学部と同時に自然科学部があります。共に率いるのが社長としての当然の責務ですから、自然科学についても責任上、必要不可欠な範囲のことは分かります」と話し、そして「社長、あなたのおっしゃっていることは、ほんとうは文系とか理系の問題ではありませんね。旧来の石油工学で採掘するのなら、確かに塊は採れません。しかし、だからこそ新しく海洋土木の技術を導入すれば、どうですか。塊こそ、採れますよね」。

社長は「あ、あ、それもご存じでしたか」と慌てたように、口にされました。

このやり取りは象徴的です。

日本海のメタンハイドレートをやる、やらないを議論するのではなく、やらない理由をまず探して、ぼくに引っ込んでもらおうとしていたのですね。

しかし、ぼくは国民をがっかりさせようとして、このエピソードを、ありのままに記したのではないのです。

ここからこそ社長は一転、まるで鎧《よろい》を一枚、脱ぎ捨てるように、ほんとうのことを話されました。

それは次のような話でした。

日本の海に在来型の石油や天然ガスもある。採掘も、それなりにやっている。しかし量が少なく、その採掘は世界のエネルギーの需給関係になんらの影響も与えない。新資源のメタンハイドレートも、太平洋側をやっている限りはコストが高いから要はそれと同じで、世界のエネルギー秩序に影響を与えない。

ところが日本海側のメタンハイドレートは、青山さんたちの研究は別として、まだ政府としては調査していないから分からないにしても、その秘めたる可能性からして手を出さないに越したことはないという雰囲気が官にあり、官にそれがある以上は企業としても変わったことはしたくない。そもそも国民もメディアも、日本にはまさか資源は無いと思い込んでいるから、それで問題はない。予算が充分に出ていて、しかも資源は無くて当然だから結果は何も求められない。

青山さんがよくご存じの通り、日本の官界では、その省庁のその局のその部のその課が予算を取れる理由を何でもいいから見つけて、予算を取って、それで課長と部長と局長が出世に繋げられれば、それで完結する世界です。わが社としては何も困ることはないから、これでよろしい。

事実あるいは真実は、このようにして最初はむしろ、どうしようもないようなやりとりから始まってこそ、明らかになっていくものです。

それは、ぼくなりの経験からすれば世界共通です。しかし日本は、いざとなれば事実をきちんと明らかにしてくれる人物が、諸国より多いのです。たとえばアメリカよりも多いですし、中国や韓国とは比較になりません。

この社長も、相撲で立ち合いに体をかわして去《い》なすような作戦が通用しないとなれば、不都合な事実であっても、それをちゃんと話してくれました。

そして、ぼくは実際は、石油会社を何社も訪ねて、何人もの役員、たとえば常務、副社長、社長、会長とお会いして話しました。

会社も違えば人も違うのに、話の中身は実に似ていて、そのことにも、あらためて驚き、先の大戦で負けた原因にもなった日本社会の病を感じたのでした。

先に、『ぼくらの祖国』で、敗戦後の日本の根っこを指し示そうと試みています。そのなかでも、たとえば次のように事実を国民にお伝えしています。

（以下、引用）

「…あなた（引用者註：別の石油会社社長）と数万人の石油会社の社員も、ぼくとわずか二十人前後の独研の社員も、百年経ったら誰もいない。命は自分のことだけ考えるのなら意味はない。子々孫々に受け継いでこそ命は輝く。日本を自立できる資源大国に変えて子々孫々に渡しませんか」

社長は、エレベーターのところへぼくを送ってくれた。途中でふと、秘書さんに「おまえは、ここでいい」と言って止め、エレベーターの扉の前では、ふたりだけになった。

「青山さん、われわれは今の商売をやめられない。毎年、確実に総額では五十億の予算をいただいて、目立った成果がなくても、メタン・ハイドレートが一粒も出なくても、国会で一度も質問されたこともない。メディアに書かれたこともない。日本は資源のない国だと決まっているし、資源のない国でいなきゃいけないからですよ。だから、こんなに利益の上がる商売はやめられない。しかしね……」

ぼくは黙って眼を見ていた。

「あなたの言った命のこと、命の意味のこと、それだけは考えてみようと思うよ」

ぼくは、ずっと年上のこの社長に、深々と頭を下げた。世代を超えて話を聴いてくれ、立場を超えてむしろ正直に、真実を話してくれたことに、こころから感謝していた。今も感謝している。

（引用、ここまで）

今こうして、みずから読み返してみても、社長たちの話が共通していることへの驚きが蘇ります。

本書でも青山千春博士が、たとえば官僚とのやり取りを、淡々とわずかながら記しています。たとえば「国賊」と信じがたい悪罵を浴びたときのエピソードですね。

いずれも国民は唖然とする、ないしは愕然とする事実が少なくないでしょう。

しかし、日本国民のほんとうの勝負はこれからです。

祖国を甦らせるためには、官僚を悪者にしたり、その悪代官にぶら下がっている大企業を悪者にしたり、誰かを選んで悪者にしても意味がありません。

これら民間企業のリーダーの証言から浮かぶのは、一度だけ戦いに敗れたために歪んだ日本の包括的な構造です。

日本国民が愚かなのではありません。

戦いに敗れたことがなかったから、勝ったときよりも負けたときこそ民族と国家が養ってきた大切なものを壊すのではなく護るという常道を知らずにいた、というだけです。

第6節――無残な事実こそが転機を生む

転機が訪れたのは二〇一二年です。

政府や東大を中心とした学者の姿勢に変化があったのではありません。

「経済産業省や東京大学といった巨大な壁と真正面から向きあうのも良い。しかし、それだけではなくて、ぼくらはもっと柔軟になるべきだ」と考えたのです。

柔軟になる、というのは妥協的になることではありません。

目的は、日本海のメタンハイドレートを実用化して祖国を甦らせること、そのただ一点です。経産省や東大とのストラグル（泥のなかを歩むような闘い）そのものが目的ではまったくないのですから、ほかのところと連携し、あるいは自力だけでできることをもっと模索しようと考えたのです。

こう考えるようになった、きっかけは、あまりに哀しい事実でした。海の研究者、そして日本女性初の大型船・船長でもある青山千春博士が、船に乗れないようになったのです。

青山千春博士の提案で、政府の海洋研究船のいくつかに計量魚群探知機がついています。最初は「魚群探知機なんて漁船が積むもの。研究船に積むなんてとんでもない」という反応でした。まるで漁船は低級で研究船は高級と言わんばかりです。

しかし青山千春博士の表層型メタンハイドレート（日本海を中心に、純度の高いメタンハイドレートの塊が海底に剥き出しになるか、海底下の浅いところに賦存するタイプ）を確実に見つける特許技術は、まさしく漁船がつけられるような安価な機材、すなわち魚群探知機を使って実現するという発想の転換と、コストの安さに意義があるのです。

ぼくは、この提案を支援し、そして政府系の研究機構の理事長や文部科学省に青山千春博士とともに働きかけました。すると理事長はこれまでの姿勢から踏み出してくれて、ついに日本政府の海洋研究船が初めて、研究用の計量魚群探知機を搭載したのです。ところが、まさしくその船に、青山千春博士が乗れなくなりました。

理由はちゃんと示されるのです。「ほかの研究者で、もう船が満員だから」と。なんと青山千春博士自身は、その説明をそのまま受け容れるのです。彼女の、こだわらない、無駄に争わない性格もあると思います。しかし同時に、ある諦め、すなわち「これが学界だから。私たちみたいに逆らっていれば、こんなことも起きるでしょう」という気持ちもあるように、ぼくは勝手に忖度《そんたく》しました。

そして青山千春博士の知らない別ルートで問い合わせてみると、政府高官からこんな話がありました。

「いろいろ、それなりに事情を調べてみると、研究船に乗り込む先生（当時の東大教授。政府高官の発言では実名）が青山千春先生の特許を煙たく思っているみたいですね。自分の手柄にするのを邪魔されるというかね。まぁ東大に限らず、学界のなかの偉い先生にはよくあることですよ」

「特許が煙たい……つまり魚群探知機を使うＡＯＹＡＭＡ・ＭＥＴＨＯＤの特許技術を

どんどん無断で使って、その成果をご自分の学界内での地位向上や研究費獲得に利用したいということですか」

「そういうことですね。まぁ、よくあることですよ。青山千春先生の特許は、特許使用料を取っていないんだから、カネの問題はありません。だから違う問題ですね」

「その先生を個人攻撃するつもりは、ゆめ、ありません。しかし、こんなアンフェアがありふれているからこそ、どうにかしなければならないでしょう。国民の税で建造し、国民の税で運用している研究船ですよ。ぼくらは今後も特許使用料は取らない。しかし特許法に基づいて、技術を使うという承諾は得ていないと、違法の疑いがある。それを、本人を乗せないというのはアンフェアが過ぎませんか」

政府高官は、頷きつつ、「先生本人は、乗せないわけじゃない、言いがかりだ、船室に空きがたまたまないだけだと言っておられるようですね」と応えました。

ぼくは怒りを抑えつつ、ふと思いました。

「そんな人々と争う時間がもったいない。もっと柔軟に考えよう」

そこで実際にまず考えたのは、自治体との連携です。

日本の自治体の首長には、まさしく柔軟な新しい改革を遂行しているひとが、何人もいます。

自治体の長といえば橋下徹大阪市長（当時）が目立ちますが、目立つ言動はなくても前に向かっている首長たちはいます。

その人々に声をかけよう。しかし単に声をかけるだけではなくて、中央政府にも影響力を持つ首長と連携しなければ意味はない。

そう思いました。

日本の政治の現実は、たとえば知事さんでも中央官庁の官僚に軽くあしらわれて終わり、ということが少なくありません。

細川護熙元総理が熊本県知事だったとき、政治記者だったぼくが熊本に訪ねていくと、知事公舎で朝、「バス停をひとつ動かすだけでもね、私自身が霞ヶ関の官庁に行って、そして廊下で延々、課長補佐の時間が空くのを待たされて、挙げ句の果ては却下ですよ」

と嘆きました。

ぼくは、あぁ細川さんは中央政界に復帰するんだなと感じました。その通り、参院議員に復帰し、日本新党を創って総理にまでなりました。知事というと、その都道府県では帝王のようなイメージがありますが、実際は、中央官庁の小役人にすら軽んじられることもあるのです。

現在は、細川さんの時代よりはましになってはいます。その改善の背景には、改革派の首長たちの努力があります。しかしそれでもなお、本質的には変わっていません。

そこで「中央政府にも影響力をいちばん持つ自治体はどこだろう」と考えて、関西広域連合の存在が頭に浮かびました。

関西広域連合は、地方自治法に基づいて正式に設立されている、日本最大の地方公共団体です。擁する人口は二一〇〇万近く、東京都よりも七五〇万人以上も多いのです。〔註＊〕名目GDPも八〇兆円近い。

註＊――平成二四年度国勢調査などによる。

七府県（滋賀、京都、大阪、兵庫、和歌山、徳島、鳥取）に京都市、大阪市、堺市、神戸市がメンバーです。

ぼくは、その関西広域連合のなかで「両方に海を持つ県」に絞って、メタンハイドレートの共同研究を提案しようとこころに決めました。

両方に海を持つ、というのは、ぼくらが主として研究してきた日本海だけではなくて太平洋側にも海を持つという意味です。

なぜか。

ぼくらは太平洋側を中心に存在する深層型、砂層型のメタンハイドレートに希望がないと言ったことは一度もありません。

それも日本の国家国民のかけがえのない自前資源です。ただ当面は、開発に手間が掛かるだけです。

まず実用化がしやすいと考えられるところの、主に日本海側に賦存する表層型メタンハイドレートを開発していけば、それが良いインセンティヴ（刺激）になって、必ず太平洋側にも光が差すでしょう。

だから、これまで太平洋側に費やされた六〇〇億円近い予算がもったいないなどと言ったことも、全くありません。日本は一年間に一〇〇兆円に迫ろうかという予算を持つ国です。自前資源を持つために投じた予算として一〇年でおよそ五八八億円というのは、むしろ少なすぎます。

それに、物事はすべて試行錯誤、トライアル・アンド・エラーが基本であって、仮に六〇〇億円を先行投資して結果が出ていなくても問題ありません。

一部の官僚や学者がご自分で勝手に「問題にされるのでは」と恐れているだけであり、それは過剰な保身、過剰な自意識のなせるわざです。


さて、そこで、ぼくは兵庫県を選びました。

兵庫県はまさしく、関西広域連合のなかで唯一、両方に海を持つ県です。

日本海側と、それから正確には瀬戸内海ですが、しかし太平洋に通じる海の側の両方に沿岸を持ちます。

そして兵庫県知事の井戸敏三さんは、関西広域連合の広域連合長でもあります。旧自治省の官僚出身ですが、明るい個性と積極的な県政をぼくなりに存じていました。ぼくはたまたま神戸生まれで、兵庫県出身ですが、それは何の関係もありません。あくまでも「日本海、太平洋とも大切な自前資源を開発していく」という姿勢をきちんと示すために、井戸さんに会う交渉を始めました。

当時のぼくはひとりの民間人でしたが（現在は参議院議員）、祖国の一員であることは同じです。日本を甦らせることにちいさな力を尽くす以上は、すべての発信に真っ直ぐ筋を通すことが必要です。自分たちが天の計らいで取り組んできた日本海側だけを大事にするような誤解を、ゆめ、生んではなりません。

祖国の海と、その海が抱擁する希望のすべてを、ぼくらは愛しています。

第7節——夢を夢で終わらせない連合へ

さぁ新展開、その開幕です。

二〇一二年二月二二日、寒の残る神戸を訪ねました。

神戸に入るたび、ぼくは、ほんらいの自分を思い出す気がします。生まれてから小学校にあがる前までしか居なかったのに、この街の外国に開かれた雰囲気、いつもあっさり、さっぱりとした気分が漂う佇まいが心身に馴染みます。

ぼくの生まれた青山家は、繊維の西脇産地（神戸の西北にある兵庫県西脇市とその周辺）の「産元《さんもと》」、すなわち中小の繊維工場を束ねる立場の古い繊維会社を経営していました。

父は八人兄弟の末っ子で社長になるはずもなく神戸支社にいて、ぼくが生まれました。ところが兄たちが落馬したり、日本初輸入のハーレイダビッドソン（米国製の大型バイク）に乗っていて川に落ちたりして次々に亡くなり、社長になるために本社に戻り、ぼくも神戸から引っ越したのです。

引っ越して小学一年生になるとすぐ、母から「お兄ちゃんは家督を継ぐ。お姉ちゃんは嫁に行く。末っ子のおまえだけは、ひとりで生きていきなさい」と厳しく自立を求められる家庭教育の本番が始まりました。これがぼくの背骨になりました。

冷たい風の吹く神戸の中心街を歩き、兵庫県庁に入るとき、ぼくはふと「最初のチャレンジに兵庫県を選んだことと、おのれの生まれは関係ないのだけれど、不思議なご縁でもあるなぁ」と、横にいる青山千春博士の顔を見ました。

彼女は東京生まれ、東京育ちで、両親とも音楽家の家庭、そして船乗りです。

ぼくらは学生時代に出逢いました。配偶者になったとき、青山千春はまだ航海学専攻の学生でした。世の変わるときの常として、まるで違う背景のにんげんが天の見えざる計らいによって会い、そしてやがて広く集い、自然に何かを成そうとしていきます。

ぼくは県庁の門をくぐりながら、日本国のあちこちで果敢に、敗戦後の旧秩序と戦っている、まだ見ぬみんなの姿を、不思議にありありと身近に感じる気もしたのです。

井戸知事は知事室で、さぁ何だろう、青山さんは何を話しに来たんだろうと興味津々という雰囲気で迎えてくれました。

そしてメタンハイドレートについて話し始めると、「そんな自前の資源が兵庫県にあるんですか」と驚きの表情になりました。

ぼくは井戸知事の、このいわば初期の言葉が今でも大好きです。そうです。「資源が兵庫県に」あるのです。

資源は根本的には国家のエネルギーですが、そのまえに、それぞれの土地と海が生み出した宝物です。

国家が目覚めなければ地域が目覚め、やがて日本国を動かしませんかと、井戸知事にお話ししていくと、よしっ、やってみようとなりました。

知事と基本合意さえできれば、県庁内の担当部局と詰めていくことができます。

兵庫県には漁業調査船の「たじま」があり、それに青山千春博士が乗り込んで、日本海の兵庫県の海域で史上初めての自治体による海洋資源調査を始める方向で詰めていきました。

すべての県職員にとって、すなわち「たじま」の船長や乗組員にとっても、資源を探索するなどということは明らかに、まったく想定外のことでした。

したがって、有形無形の抵抗も、始まりました。しかし、これはぼくにとっては想定内のことです。コップは小さければ小さいほど、中の嵐が烈しくなります。中央省庁の抵抗ぶりよりも、もっと強い反発が起きることもあらかじめ覚悟していましたから。

そして、兵庫県とのあいだがまだ調整中で何も決まっていない段階から、次のステップを考えていました。

それは兵庫県知事と根っこの理念や方向で合意できたことをテコに、ほかの府県の意欲的な知事とも会談し、メタンハイドレートを実用化するための新しい自治体連合を創ることです。

その名も「日本海連合」。

ひとつの自治体だけなら、それが兵庫県のように、およそ五五〇万の大きな人口を抱える自治体であっても、中央政府を動かす力を求めるのは、およそ無理です。

中央や地方の行政を長く見てきた経験から考えて、必ず複数の自治体で連合を創りたいと胸の内で決めていました。

そこで京都府の山田啓二知事、そして新潟の泉田裕彦知事（当時）との会談を考えました。

山田知事は全国知事会の会長です。泉田知事は、旧通商産業省の資源エネルギー庁出身です。このふたりの知事との会談を準備しつつ、「たじま」で航行する共同調査の計画を詰めていきました。

地上での打合せで、「たじま」の尾崎爲雄船長とお会いしたとき、船長の表情がとても硬いのが印象に残りました。

ほかの県庁職員がたくさん話していても、尾崎船長はほとんど無言でしたから、気持ちを聞くことはありませんでしたが、ぼくは理解できる気がしていました。

「たじま」は、漁業調査船です。長年にわたって魚やカニ、イカといった水産資源、そして水質やクラゲの被害などの調査に従事してきました。突如として、海洋資源、それも新資源のメタンハイドレートの調査をやるというのは、なかなか呑み込めるはずはありません。

ぼくは内心で、その尾崎船長の硬い表情にこそ期待しました。正直だからです。如才なく受け答えするお役人よりも、この海の男のありのままの戸惑いこそがむしろ信頼できます。

ぼくは、「たじま」に乗船するのが愉しみになりました。

海の上できっと、ほんものの連帯が生まれるという強い予感がしたからです。

第8節――壁が壊れる

兵庫、京都、新潟の三県と新しく連携する準備を進めていきつつ、青山千春博士とぼく、独研は、もうひとつの「新計画」に取り組んでいきました。

それは、独研だけの船で調査航海に出ることです。

独研はちいさなシンクタンクですから、自前の船を所有することは、もちろん不可能です。したがってこの新計画は、具体的には海洋研究船を借りることです。船は、借りるだけでも大きな費用が掛かります。ですから、それまでは単独航海など、独研を預かる社長のぼく（当時）は考えたこともありませんでした。

しかし、利害関係を何も持たない独研が単独で調査航海をおこなえば、すべての情報を国民に直接、伝えることができます。

共同研究の航海では、日本海の洋上で、大学教授が青山千春博士を含む他の研究者に白紙の紙を示して「調査で得たデータを公開しない」という趣旨で署名を求めるということも起きました。データ公開に約束事や縛りがあるのは正常なことですが、白紙ではあとで何を書かれるのか分かりません。異様な出来事です。

研究者たちは、この教授が国際メジャー石油資本から研究費を受け取っているからだと囁きあいましたが、青山千春博士にはその時、事情が分かりませんでした。教授は「特に、青山繁晴・独研社長には決して何も明かさないようにね」と冗談めかして求めました。

だけども、ネガティヴに考えても仕方がありません。

われらの目的はただひとつ、祖国が自前資源を持つことだけですから、発想を切り替えて「ならば、自前の船を出そう。その船で調査した結果ならば、すべて国民にお見せすることができる」と考えたのです。

その船は、計量魚群探知機をはじめ、AOYAMA・METHODを使ったメタンハイドレート調査のできる機器を備えている船でなければなりません。

青山千春博士には、腹案がありました。

日本海洋という独立系の船会社の所有する「第七開洋丸」です。

これは水産高校の練習船だった船ですから、お風呂や船室はかなり古くなっています。しかし搭載している機器は最先端です。

青山千春博士は、日本海洋の志ある幹部に相談を重ね、傭船料《ようせんりょう》を安くしてもらえないか交渉していきました。

そして、独研にとって当然、巨額の赤字にはなるけれども、どうにか拠出はできる範囲の傭船料まで引き下げてくれることになりました。

もともと、この単独調査航海は、何かの利益を生むことを一切想定していないのですから、赤字も何も、すべてが持ち出し費用です。しかし、それにしても額が大きく、ぼくは社長（当時）としていささか考えました。

独研が存続できなくなってしまえば、元も子もない、灯火《ともしび》が消えてしまいます。それでも、たとえばぼくの講演料は一円残らず、すべて独研に収めていますから、そういった積み重ねを投じれば、航海は実現できます。

青山千春博士が、独自のメソッドを持つ研究者として、やりたい調査と研究をすべて遠慮なく実行できる単独航海をひそかに願っていたことも分かりました。

そして、独研を率いる最高責任者（当時）として踏み切りました。

物事が進むときは、高い壁が壊れるように同時に進むものです。

二〇一二年の六月、まずは四日に、たじまで兵庫県の日本海沿岸の香住港《かすみ》から出航し、初のメタンハイドレート調査航海をおこない、六日に帰港し下船すると、すぐに直江津港へ向かい、七日に第七開洋丸で初の単独調査航海へ船出し、八日に帰港し下船すると、また香住港へ遠路、戻り、一〇日に再び、たじまにこれは独研からは青山千春博士だけが乗船し、早くも二度目の調査航海へ出て行く。

凄まじい強行日程です。しかも調査航海では、ほとんど眠ることがありません。昼も夜も朝もずっと海から発せられるデータを追い続けて徹夜の連続です。

しかしまさしく希望の船出が始まりました。

第9節――男の背中

その日、二〇一二年六月四日月曜の早朝、ぼくはまずは空路で羽田から伊丹へ飛び、伊丹空港から大阪駅へ、そして大阪から単線の列車も使って、香住に入り、すでに乗船して準備を始めていた青山千春博士と、たじまのおもて（船首）のデッキで合流しました。

香住は、兵庫県でも西の端に近く、過疎が進む地域のすこし寂しい港です。

ぼくらが乗船すると事前に知っていた地元のひともいるということで、駅にも港にも何人かがお出でになり、地域の期待を感じました。

そして、おそらくは日本の自治体の歴史にささやかに残っていく出航です。

岸壁の地元のひとびとが、もう姿が見えなくなるまで手を振ってくださるのが胸に響きました。

漁業調査船たじま、一九九トンは、五代目としての新造から間もない、白く美しい船です。

何より驚きなのは、ちいさな船内の中央に「調査センター」のあることです。これは尾崎船長が井戸知事にも訴えて実現した設備です。決して最先端の機器ではないけれど、魚群探知機を含め機材が集約されて、調査研究をやりやすくしているのです。

尾崎船長の高い志がうかがえます。

そして実は尾崎船長は、長年、海の底から何かが立ちあがっていることに気づいていて、それが何なのか分からないまま、いつか将来、その柱のようなものの正体を調べられるときのためにも、この調査センターを造っていたのでした。

機器の前に、右に青山千春博士、左に尾崎船長が並んで陣取り、ぼくや兵庫県庁の研究職の職員らが背後で見守ります。

青山千春博士はいつものように、機材に独自のパラメーター（媒介変数）をどんどん打ち込んでいき、船が沖に向かって進むにつれ、データが現れ始めました。

そのとき、尾崎船長から声にならない声が湧きあがっているように感じました。

「あぁー、こうやって動かすのかぁ」という声が背中から滲み出ているようだと、ぼくは受け止めました。

青山千春博士は、海に憧れ、船乗りを志したとき、「女が船に乗ると、海が怒って船が沈む」、「女は乗るな」という迷信と偏見の攻撃を受け、東京商船大学も海上保安大学校も防衛大学校も、どこも出願すら認められませんでした。

女性だからという偏見を受けたことのなかった横川（旧姓）千春は、自分の夢をどうしたらいいのか分からなくなったとき、NHK交響楽団のピアニストだったお母さんが「東京水産大学（現・東京海洋大学）という国立一期校が、まだあるわよ。聞いてみたら」と教えてくれて、その「水大《すいだい》」だけが受験を認めてくれて、道が開けたのです。

ぼくは、尾崎船長の背中から立ちのぼる、青山千春博士への実直な尊敬の念を感じつつ、そのことを思い出しました。

そして青山千春博士が、本書の本文（六七頁参照）に載せている、あの紙上に現れたちいさな、ちいさな柱をも思い起こしたのです。

それは、ふつうに見れば、柱というより何か線がすこし跳ねただけのエラー・データに過ぎない。そこに引っかかり、着目し、魚群探知機に新しい役割と価値を見出して活用する前例のない研究にすなおに進んでいった結果、きょうの航海にもなったのです。

感慨深いなどというセンチな感覚ではありません。尾崎船長と青山千春博士、ふたりの船乗りの邪念のない淡々とした努力の歳月が、みごとに響きあう現場を、ぼくは見ていたのです。

第10節――ただ天が決める

そして兵庫県の海域の日本海にもメタンプルーム、すなわちメタンハイドレートの粒々の柱が立ちあがっている兆候をキャッチしました。

しかし、たじまの積んでいる魚群探知機は、研究に適した計量魚群探知機ではないために、この航海ではここまで、ということになりました。

そこで船内で直ちに、再調査の航海が決まりました。

第8節で前述した、「(二〇一二年六月)一〇日に再びたじまに乗船し、早くも二度目の調査航海へ出て行く」と記したのは、実はこのとき尾崎船長、同行していた県の幹部職員、そして独研のぼくらのあいだで即決したことだったのです。

船のなかで新しい信頼関係、連帯が生まれていなかったら、こんな再航海の即決は、決してできなかったでしょう。

出航するまえ、ほんとうは台風が近づいていました。もちろん、県にとっても独研にとっても大変な懸念事項でした。台風は明らかに、航海を直撃するコースをとっていました。出航できない恐れが日に日に強まっていたのです。

しかし、ぼくは「われらの航海が無私であれば、天が航海を奇跡的に実行させてくださる。私心が混じっていれば、航海は阻まれるだろう。それだけのことだ」と、まったく本気で、ごく自然に考えていました。

再航海を決めて、たじまが陸に近づいていくとき、不思議な時間が訪れました。

月の光と陽の光の気配が共存する、至上の時です。

二〇一二年六月六日水曜、午前四時すぎ。月の照らす右舷と、朝陽が昇ろうとする左舷と、その真ん中にぼくらが居ます。

台風が接近するなか、航海はずっと、このような清澄な光と、穏やかな海に恵まれました。

ここに二枚の写真を掲げます。ぼくがいつも携行するちいさなカメラで撮りました。この書を手にとってくださった国民と、どうしても共有したい日本の海のひとときです。

第11節――叫び

そのひとときを経て午前六時ごろ、香住港に戻ると、たじまの乗組員がみんな、どっと駆け寄ってきて握手、握手となりました。

出航の時はまだ、どちらかと言えばよそ者を見るようなまなざしだった。それが、わずかな時間の航海だったのに、今はこの互いの手の熱さです。疲れがいくらかとれる気がしました。

下船すると、ぼくは、その夜の直江津港からの乗船のまえに、まず大阪に向かいました。関西テレビの良心派の報道番組スーパーニュースアンカーの生放送に参加するためです。大阪に向かうあいだずっと、電話で政局の情報収集をして、当時の野田政権の隠された動きを放送で話しました。

日本海から戻ったばかりということは話したけれども、今夜にまた日本海の直江津港から出港するという具体的なことは放送で言わなかった。

なぜか。

警戒心の強くない性格の青山千春博士が「事前に情報が漏れると航海を妨害される恐れがあります」と社長としてのぼくに繰り返し告げていたからです。

生放送が終わると大阪から空路、新潟に飛び、そこから直江津港に急ぎました。

青山千春博士は、香住港から鉄道を乗り継いで、遠い直江津港に直行しています。

直江津の港内に入っていくと、第七開洋丸の、たじまよりはずっと大きな四九九トンの船体が見えてきました。

今度の船内は賑やかです。

たじまでは、ぼくらと乗組員のほかには、独研が自主運営するインターネットテレビ「青山繁晴・ドットＴＶ」のためのカメラマン、経済紙系の映像会社のカメラマンだけが乗り組んでいました。前者の映像は、関西テレビにも無償で提供し、視聴者に見てもらいました。後者はなぜか、今までのところは放送されないままで連絡も途絶えています。

第七開洋丸は、メタンハイドレートの探査航海の情報を国民にそのまま伝えるのも、たいせつな目的として独研が借りて運行するのですから、まず、生き証人として、国民にも乗ってもらいました。

独研は、インディペンデント・クラブという会員制の集いも運営しています。その会員の希望者のなかから抽選で六人の日本国民に同乗してもらいました。

そして国会議員にも呼びかけました。

本書の青山千春博士の本文にあるように、そのなかでひとりだけ、新藤義孝代議士（元総務大臣）が、何と日程調整を待たずに即、「これは乗るのが務めです」と乗船を決められました。

新藤さんは、硫黄島の戦いをよく指揮してアメリカ軍の本土爆撃を遅らせた栗林忠道・帝国陸軍中将の直系のお孫さんです。それをあらためて実感させる姿勢です。

そして今度はメディアも、在京のキー局のテレビ、関西テレビ、先ほどの経済紙系の映像会社などのカメラマンやクルーが多く乗り込んでいました。

直江津港から出港して佐渡島の南、すなわちもう沿岸と目と鼻の先を調査していくと、平均でいえばスカイツリーぐらいもある（六百数十メートル）巨大なメタンプルームが次々に見つかりました。

第七開洋丸は、計量魚群探知機に加えてマルチビーム・ソナー（魚群探知機より幅広い海中の視野を持つ音波探査機）、サブボトム・プロファイラー（海底下の浅い部分の地層を把握できる音波探査機）といった最先端の機器を備えていて、メタンプルームをリアルタイムで３Ｄで捉えるところを、船内の食堂でそのまま公開、青山千春博士がてきぱき解説し、新藤代議士は「ここにあるのに、なぜ、これをやらなかったんだ。やるぞ、きっと、やるぞ」と叫びました。

第12節――太平洋での試み

こうした航海の成果も踏まえて、京都府、新潟県の知事との会談を含め、日本海連合の結成へ、進んでいきました。

新潟の泉田知事（当時）は、資源エネルギー庁出身の専門知識も生かして「青山さん、メタンハイドレートの実用化に真っ直ぐ持って行こう。それには国任せにしないことだ。地域、自治体、民間の役割が大切だから独立総合研究所と連携しましょう」と明言されました。

新潟はほんとうは、北朝鮮が影響力の浸透をずっと図っているところでもあります。泉田知事は、県民と連帯し、それをフェアに防いでいるリーダーでもあります。

自国民を飢えさせてきた独裁や、拉致事件について北朝鮮に厳しい姿勢と発信を貫いている独研と、新潟県が組むことに、ほんとうはただ事ではない抵抗もあったと聞きますが、泉田知事の姿勢は揺らぎません。

京都の山田知事は、京都府も日本海側の振興にメタンハイドレートを生かしたいという考えを明示されました。

それだけではなく全国知事会会長として、知事会で日本海側に面した県に呼びかけられ、あっという間に、メタンハイドレート賦存の有望地域である秋田県から、竹島の海底のメタンハイドレートを韓国に盗掘されている島根県まで一府九県を束ねられました。

ぼくは実は「最初は、直接に強固な意思を確認した兵庫、新潟、京都の一府二県でまずは日本海連合を確実に発足させ、そこから次第に広げていく方がいいのではないか」とも考えていたのですが、この山田知事の馬力をもちろん尊重しました。

そして二〇一二年九月八日、日本海連合は、正式名称を「海洋エネルギー資源開発促進日本海連合」として発足しました。

発足の記者会見は、独研との共同会見として行うと聞かされていましたが、実際には、それについては何の連絡もありませんでした。

共同会見など、ぼくも独研も望んでいなかったし、提案したことも当然なかったから、何も問題はありません。

ただ、県庁などのお役人には、さまざまな抵抗もあり、それが影響したのだろうとは、ごく当たり前に考えています。

知事が、独研との共同研究に予算拠出を指示し、実際に予算が出るのに、その予算は県庁の部局が多くを使うことになっていて、独研には相談も協議もないまま大きな赤字、持ち出しを実質的に強いるという、どう考えても首を傾げることも日常的にありました。独研は、民間であっても、利益ではなく国益を追求すると明言しています。しかし赤字では本来、何もできなくなるし、存続もできません。たとえば、ぼくの個人借金も含めて補ってきましたが、もちろん限界があります。

利益を求めないということと、赤字の持ち出しを強いられることはまるで違う。それが県庁の幹部職員に分からないはずはありません。

知事がトップダウンを繰り返しても、内部までなかなか浸透しないことも珍しくありません。

ぼくは、前述した「水曜アンカー」の生放送で、あえて「刀折れ矢尽きました」と言ったことがあります。

ご覧になっていた国民の反響は凄まじかった。予期したとおり、何よりぼくに対して「何を言うか」というメールなどが津波のようにやってきました。

しかし、そのあと、県庁のひとびとのなさることに無茶な部分はずいぶんと減ったのです。独研の松明《たいまつ》はほんとうに、ただかろうじて掲げられているだけであって、あまりにも不当なことが続けば、すべてがご破算になると、お役人もようやく、すこしだけは分かってくれたかなと感じています。

それにしても、現代日本の首長には、優れた人材がいます。

たとえば、関西広域連合の副連合長の仁坂吉伸さんです。

仁坂さんは、和歌山県の知事ですから、太平洋側の自治体の長です。

しかし「日本海だけではなく太平洋側のメタンハイドレートもフェアな研究開発があるべきです」という、ぼくらの問題提起に何度も何度も長い時間を割いて耳を傾けてくださり、積極果敢な意見も吐かれ、そして口だけではなく実際に、和歌山県の漁業調査船「きのくに」に青山千春博士を乗船させる共同研究もスタートさせました。

なぜか。

ほんとうは太平洋にも、一部とはいえ、日本海と同じ表層型のメタンハイドレートがある可能性が高いのです。

その可能性を経産省と東大中心の研究でもとっくに把握していながら、何も進めていません。

仁坂知事も経産省出身ですから、みずから省内の事情を調べて、この事実を確認し、独研との共同研究に踏み切られたのです。

たじまの先例があるだけに、調整は急ピッチで順調に進み、二〇一三年一月三一日、きのくに九九トンは、和歌山県政史上初の独自海洋資源調査として、紀伊半島の串本港を出航しました。

太平洋の南紀すさみ町沖合でメタンプルームが存在するかどうかを調べるためです。メタンプルームが見つかれば、太平洋側にも実用化しやすい表層型メタンハイドレートが賦存する可能性が一気に高まります。

青山千春博士が、このちいさな一一人乗りの漁業調査船きのくにに乗り組むと、計量魚群探知機があって喜んだのはいいのですが、ブラウン管の画面という恐るべき年代物で、しかも長年、スイッチを入れたことがなかったのです。これは水深七〇〇メートル以上の深さになると画面が動かなくなるので、断念。

もうひとつ、カラー魚群探知機（データが外に出せないタイプの魚群探知機）という機材があり、青山千春博士が動かしてみると、一時間ぐらいですぅと画面が白くなり、何も見えなくなります。スイッチを切り、また入れてみると、映る時間が今度は三〇分になり、その次は一〇分になります。

そして情報をデジタルで取り出せないので、画面を独研から持ち込んだビデオカメラで撮って、苦心惨憺しながら、あとで独研本社で映像を分析するという苦行になりました。

それでも表層型メタンハイドレートの有望海域を把握し、凄いのは、和歌山県庁の職員が、徹夜でそのオールド機器と格闘する青山千春博士のありのままの姿を映像で記録し、それを「水曜アンカー」の生放送で自由に国民に伝えることをすべて認めてくれたことです。

仁坂知事は、こうしたことをすべて踏まえて、現在は機器の更新に努力されています。この初航海は、ほんとうは本格的な調査を進められるように機材の現状を確認するためでもあり、仁坂知事と和歌山県庁のみなさんは、しっかりとステップを踏んでいると言えます。

第13節——村がどうした

こうした国士揃いの知事のひとりから、青山千春博士の本文にあるように「青山繁晴さんは、経産省の石油・ガス系の官僚に嫌われている」と心配されたことがあります。

その経産省で、ぼくは長年、経産大臣の諮問機関「総合資源エネルギー調査会」の専門委員を務めてきました。核セキュリティ、原子力防護の分野です。

原発は自然災害よりもさらにテロに対する備えが重大課題ですから、ずいぶんと厳しいことばかり言ってきましたが、嫌われたり排除されたりしたことはありません。

ぼくはどの分野でも、常に同じ姿勢、同じ主張です。

したがって、原子力分野よりも実は石油・天然ガスの「村」のほうが「村八分」の論理は厳しいのかもしれませんが、ぼくは実は、ほとんど気にも掛けていません。

これまでも述べてきたように、誰と誰を比較し、組織と組織を比較し、その誰かやどれかを悪者にして批判して、その結果、悪者は守りに入ってただただ隠し、悪者とされなかった誰かやどれかの組織が実際はもっとも巧妙な悪者になっていき何も変わらない、そのような社会であることを、日本が超えることを願っているからです。

ぼくの専門分野のひとつは、危機管理ですが、それはひとさまと日本国の危機を防ぐことであって、自分の危機を防ぐことではありません。

青山千春博士は、学者としては珍しい、面白い存在だと思います。

配偶者として、話しているのではありません。ぼくは記者時代から、実にさまざまな学者を見てきました。お付き合いもしてきました。

しかしドクター・チハル・アオヤマと似たタイプの学者、科学者を見たことは、ただの一度もありません。

学者といっても、たとえば社会科学系の学者と、自然科学系の学者はまるで違います。

両分野を橋渡ししようとしている学者もいるし、ぼく自身も研究者としては、両分野に深い関心を持っています。だから独研も、研究本部のなかに社会科学部と自然科学部の両部があります。

ただ、自然科学系の学者には、アカデミズムに徹して、社会や政治に関心を向けない人は多い。

もっと有り体に言えば、自分が個人的に興味あることだけを生涯、追究していく。

ドクター・チハル・アオヤマの場合は、数式とグラフづくめの頭のなかにスッと、理念と哲学が、それも極めて端的に入っているのです。

「祖国のために研究はある」

理系、自然科学系で、なんの衒いもなく、この簡潔な信念を無理もなにもなく胸の底に据えている学者を、ぼくはほとんど見たことがない。

そして、形式や虚栄に無関心です。

新書になる前の『希望の現場　メタンハイドレート』はソフトカバーです。ぼくはもの書きの端くれとして、ハードカバーのしっかりした本作りを望むことが多い。

虚栄心とは正直、違いますが、ハードカバーのほうがもの書きの（ろくでもない）プライドが満たされるのは事実です。

しかし青山千春博士は「ハードカバーだと持ちにくいし、ページもめくりにくい。嫌だ。私の本はこれ（ソフトカバー）でいい」と、あっさりしたものです。

第14節——次の希望へ

日本海連合が二〇一二年九月に発足したあと、これまでずっと政府の支援を受けてきた学者が突然、「日本海にもメタンハイドレートがあることを発見した。資源として実用化していく」と発表したという報道が一斉になされました。

しかし、ぼくらは関心を持ちませんでした。誰の手柄とか、考えたことがないからです。

ところが「水曜アンカー」のたくさんの視聴者を中心に、多くの国民から抗議のメールがその学者がいま属する大学に集まって、たいへんだったそうです。

この学者は「青山繁晴が悪い」とおっしゃっているそうです。別に構うことはありませんが、実際は、「水曜アンカーで二〇〇七年から日本海のメタンハイドレートの実証的な報道を独研の青山繁晴社長（当時）が続けているのに、おかしい」と、視聴者が証拠も挙げて怒ったというのが事実です。

証拠というのは、さすがネットの時代、ぼくの「水曜アンカー」での発言を「えー」とか「あー」までも含めてまったく正確に起こしてネットに上げている大阪の主婦の方（ハンドルネーム、ぼやきくっくりさん）がいらっしゃるからです。

この主婦の方は、もちろんまったくのボランティアであり、ぼくらがお願いしたりということは皆無ですが、関西テレビのディレクターたちも「正確な記録です」と活用しているぐらいです。

ぼくらは不思議に思いました。

なぜなら、その学者はもともと良心的な学者として、ぼくらと共同研究もしてきたひとだし、なにより「私は実用化には興味がない。メタンハイドレートをあくまでアカデミックに学究的に研究していくだけだ」と、強調されていたからです。

そして、この学者がみずから、自由民主党の経済産業部会という公の場で、国際メジャーから研究資金を受け取っていることを認められたとき、ぼくらは「なるほど」と理解しました。

それなら独研の存在は都合がよろしくないでしょう。わたしたちは決して、外国からのお金を一セントたりとも受け取らないし、国際メジャーはお金を出す以上はメタンハイドレート実用化の権益をなるべく占有しようとしてくるのは当たり前ですから。

だから、これは学者の問題というより、主として、まともな研究資金を分配してこなかった政府の問題です。また、この学者グループの発表も、正確には「初発見」と言っているわけでもなく「確認した」と言っているとみるべきであり、この学者の出身が東大だからといって勝手に権威づけしてフレームアップする日本のマスメディアの問題でもあります。

この学者からは直接、「青山千春博士の特許がそもそも特許に値しないという方向に持って行く」という趣旨の話もありましたが、日本の特許の審査がアンフェアだとおっしゃるのなら、どうぞやってください。

自分のためなら日本の公正さを貶めることもある学者だとなれば、世の抗議は、現状どころでは済まないでしょう。ぼくも、理解できなくなります。

また青山千春博士の特許は、日本だけではなく、アメリカ、オーストラリア、EU全加盟国、ノルウェー、ロシア、韓国、そして中国でもみな認められているのですが、特許にふさわしくない技術ならば、一体どうやったら、こうできるのでしょうか。わたしたちは諸国に対して、なんらの働きかけもしていません。ただ手続きに従って申請し、結果が出ただけです。

メタンハイドレートが広く国民に認められつつある現在、この学者の労苦もまた評価され、何より政府は、この東大出身できっと「安心」できる学者への支援を強めているのですから、それにふさわしく身を律せられるだろうと考えています。

不可思議な話は、ほかにもあります。ネット上には、メタンハイドレートの研究開発をめぐって中傷誹謗があります。

よくぞここまで勝手に妄想するなぁと感嘆してしまう嘘や、ほんの少し考えたらあり得ない、矛盾した話や何やらが、ネット上にあります。

しかし、その一方で、ぼくもネットの恩恵をたっぷりと受けています。調べもの、コミュニケーション、発信。ネットなくして、ぼくの現在の活動もありません。

そうした使い手の良いものにこそ、ダークサイドがあります。自動車は、プライバシーを守りつつ重い荷物も軽々と一緒に自由に移動できる優れものですが、それだけに悲惨な事故のリスクと隣り合わせです。自由気ままに移動できるからこそ、ほんの少しステアリングを間違って切るだけで自他の人生を壊してしまいます。

インターネットだけ、良い面だけしかないということはあり得ません。したがって、ネット上の中傷誹謗は基本的に無視して、気に留めていません。中傷について捜査当局から「内偵している。青山さんが告訴すれば内偵から強制捜査に移行します」と連絡が来たこともありますが、それよりも、ネットに嘘を書き込む人のことを懸念します。「メタンハイドレートは青山夫妻が利権を独占している」と書き込む人もいます。利権ですか。一体どんな利権でしょうか。ぼくらの知らない、聞いたこともない利権をご存じなのでしょうか。身を削ることがふと、馬鹿らしくなりかけます。

また、ある勉強会で「あなたは日本海のメタンハイドレートの具体的な賦存地域と賦存量の全体を正確かつ具体的、定量的に発表していないから、罪が重大だ」と人文系の研究者を名乗るひとが繰り返し、怒鳴ったこともあります。政府がこれまで日本海を調査しなかったから、全体像が分からないためにこそ、民間人であってもすこしでも研究調査し行動している相手に、何もしない人がこうしたことを言える。

こうした、こころ冷えることどもであっても、ポジティヴに捉え直すことは、できます。敗戦後の日本社会の病理を超克するための大切なステップが、自前資源を持ち、国のあり方を変えることだと、あらためて深い意義が分かるからです。

そして、これまでメタンハイドレートを無視してきた既得権益のひとびと、たとえば石油業界の多数派のみなさんが、どっとメタンハイドレートの実用化に参入してくれれば、大歓迎です。

ぼくは、二六歳で共同通信の事件記者として社会人となり、経済部、そして政治部と記者生活を二〇年近く送ってから、三菱総研の研究員に転進し、そこから独立総合研究所を起こしました。

記者時代のぼくは、発表には頼らず、地を這いずり回って取材をしました。しかし、そうやって手にした情報は、一割ほどしか記事にしていません。遠慮したのではありません。裏を取る、すなわち確認が完全にできた情報しか記事にはしなかったからです。

ほんとうは、そこまで確認を取らずとも「間違いなく事実である」と、記者としての直感や、積み重ねた体験からして分かる情報も沢山あります。

そして、こうした記事にはできない情報からこそ、ぼくは日本の闇を見ました。決して慣れることはなかった。当たり前の現実だと思うことはなかった。いつも「許せない」と思いました。

それでも、ぼくは実は日本のほんとうの闇に気づいていなかった。

それを気づかせてくれたのが、この一文の最初のほうに記した、青山千春博士の簡潔な報告でした。

青山千春博士は、この書を脱稿する二〇一三年六月に、今度は新潟県庁の調査船「越路丸《こしじまる》」に乗船し、新しい発見をしました。

その発見も、これまでのすべての発見と同じように丁寧に検証しつつあります。

これらが、ただ国益のために徹底的に活かされる秋（とき）が来ることを信じつつ、長すぎる後書きの筆を置きます。

（了）

溶かす氷、燃やす氷――新書版あとがき　青山繁晴

この新書は、フレッシュなお届けものです。

日本国に次の時代が始まるのに合わせて、お渡しします。


国際学会で知られたニッポンの女性科学者である青山千春博士は、こどものように真っ直ぐで素朴な文章を書きます。絵やイラストもそうです。

こどもの文章や絵はいずれも、いわば余白が大きいからこそ、大人のこちらに思わず考えさせてしまう不思議な力を持っています。

青山千春博士が、凍てつく日本海で一九九七（平成九）年にメタンプルームという巨大な柱のような新資源を世界で初めて見つけたのは、幼子が砂場で遊ぶときの無心のひたむきさ、創造に繋《つな》がるありのままの好奇心、それらを天が面白がってくださった賜物《たまもの》ではないかと今あらためて、思うのです。

私生活ではぼくの配偶者です。しかし、その視点でお話ししているのではありませぬ。公的な立場として、日本初の独立系シンクタンクである独研こと独立総合研究所で、ぼくが代表取締役社長・兼・首席研究員を務め、彼女が自然科学部長を務めてきました。同僚ではなく部下です。

ともに、地球科学をめぐる世界最大、最高の学会であるAGU（American Geophysical Union／アメリカ地球物理学連合）に参加してそれぞれ英語で口頭発表を行ったり、あるいは独研が自費を投入してチャーターした海洋調査船で日本海に出て、メタンハイドレートの先進的な調査を国に先駆けておこなったり、そのような最前線で青山千春博士に接していて実感したことを、お話しししています。

「希望の現場　メタンハイドレート」は、まさしくザ・ゲンバから生まれた本でした。

青山千春博士は博士号を取得している科学者ですから、学界内で論文は山のように書いてきましたが、国民向けの書物としてはこの本が初めてでした。

学術論文の書き手としてはプロフェッショナルです。しかし広く読者に伝える物書きとしてはプロではありません。

不肖ぼくは、たまたま多種多様な仕事をしていますが、根っこは職業としての物書きです。また前述のように、日本が建国以来初めて抱擁している本格的な自前資源であるメタンハイドレートについて、国益のために青山千春博士といわば共闘してきました。そこで「希望の現場　メタンハイドレート」について、ささやかにぼくもアシストすることにしました。

一般的な意味の共著ではありません。

あくまでも青山千春博士の本です。そこでぼくは、あとがきだけを書きました。ただし青山千春博士、それに編集者と話しあって「長すぎるあとがき」を書くと決め、科学者の立場ではない側面から、自前資源をめぐる苦闘を客観的に記しました。

なぜならそれは、わたしたちだけの苦闘ではないからです。ぼくらの祖国は、たった一度だけ戦争に負けると、それから七十余年を経てなお、「戦争に負けた国のままでいて、しかも資源の無い国のままでいること」があろう事か最大の利権になっています。

戦争に負けて資源も無いんだから、戦争に勝ったアメリカやイギリスの国際メジャー石油資本に仲介していただき中東の王様たちから天然ガスや原油を売ってもらえるだけで幸せなんだという刷り込みを日本は政官財学が一致して、談合して、癒着して、ずっと遂行してきました。

すると国民はガスや油の価格が高くても疑問を持ちません。値段が高いと利鞘《りざや》も大きいのです。

これを超克していくのは並大抵のことではないのはもちろん、ぼくらだけでいくら千里の苦闘の道を行っても実りません。

志ある国民の糾合がどうしても必要です。

この糾合とは、日本国の主人公である国民・有権者のひとり、ひとりがみずから考えて、これまでの利害対立や考えの違い、それらを乗り越えて初めてなされる糾合です。

ですから、考えていただく材料が必要です。科学とは違う側面とは、国内政治、外交、日本経済、世界経済、そして日本社会のさまざまな姿すべてが入ってきます。当然、「長すぎるあとがき」が求められるのです。青山千春博士がこつこつと書きあげた本文にそれを、がちゃんとドッキングさせました。

こうやって誕生した「希望の現場　メタンハイドレート」が新書になるという、予期せぬ嬉しいことが今回、起きました。

原動力になったのは、メタンハイドレート、とりわけ長く政府から無視ないし軽視をされてきた日本海側の「表層型メタンハイドレート」について、現実に積極的な動きがすこしづつ出てきたことです。

新書版の新章に、青山千春博士が繁子ちゃん（ポメラニアン。フルネームは青山繁子。なぜか、ぼくと一字しか違いません）とクルクルジャンプする場面が出てきます。

千春博士は子供の作文のようにあっさりしか書いていません。ほんとうはとても印象深いライフ・ストーリーだと思います。女性たち、その女性を護る日本男子の大切な参考になるストーリーです。

千春博士が一八歳の少女、それは東京の女子御三家と呼ばれる進学校の一角・女子学院高三年生だったとき、東京大学理科I類を受験するのが当然という雰囲気だったようです。しかし本人は「私は船乗りになりたい」と東京商船大学を希望しました。

千春の亡きお父さんは帝国海軍の重巡洋艦「足柄《あしがら》」に乗り込む軍楽隊のトランペッターで、敗戦後、NHK交響楽団に属したのち「鉄腕アトム」や「ジャングル大帝」のあの澄みきったトランペットの音を吹き込んだひとでありました。

そのお父さんが一人娘の千春に「海はいいぞぉ。船は最高だ」といつも語って聞かせます。それが少女の夢を育んだのでした。

ところが商船大は「女は受け容れられない」と受験自体を拒絶しました。驚いた少女は防衛大学校、海上保安大学校を受けようとしますが、いずれも事実上、拒否。まさかの絶望のなかで、NHK交響楽団のピアニストだったお母さんが、構内に帆船を飾ってある大学が東京・品川にあることを見つけました。東京水産大学（水大《すいだい》）です。

当時の学長が「女子が入ればマスメディアで話題になるかも」と受けさせてくれて、千春は水大航海科初の女子学生となったのがすべての始まりです。

その水大と、拒絶した商船大が合併して誕生したのが東京海洋大学（海大《かいだい》）なのです。

ここに出てきた大学はすべて国立ですが、国立大学も再編の波に洗われている時代です。この海大に二〇一七年春、日本で初めて自前の海洋資源に焦点を合わせた新学部が生まれることになり、教官の公募があったわけです。

青山千春博士からその事実を聞いたとき、励ましながらも内心でぼくは『こういう公募は実は裏で話が決まってる。東大、京大、早慶を中心にそれぞれの派閥内で人事を秘かに選んでしまってから公募したりする。ずっと民間研究所で苦労してきたことが公平に評価される世界じゃない』と懸念していました。

さらに一八歳だった千春は、メタンハイドレートと格闘するうち還暦を超えています。国立大学教官は六〇代半ばが定年です。わざわざ採用しないだろうとも思いました。

選考の過程は外部には分かりませんが、やはり途中までは厳しい情況だったようです。

しかし日本という国は、どこにも必ず良心派がいる、少数派であっても良心派が存在する国です。世界で初めてメタンプルームを発見した学者であり、それによって日本と世界（アメリカ、オーストラリア、EU全加盟国、ノルウェー、ロシア、中国、韓国）の特許を持ちながら特許使用料はびた一文取らずに、ただ国益と科学の進歩のために尽くしてきた学者であることを、しっかり公平に見ている人たちが海大のなかにいました。

おそらくは大逆転劇で、みごと海大の新学部の准教授に内定したとき、繁子ちゃんの見上げる青山千春博士の顔がにっこりニコニコ、ほんとうに嬉しそうで、ぼくは『あぁ、そうは言わずとも、心底なりたかったんだなぁ』と実感しました。

そして青山千春博士個人のことにとどまらず、決して大袈裟《おおげさ》でもなく、日本社会の新しい希望のひとかけら、ひとかけらでもぎっしり中身の詰まった新世代の希望を感じたのでした。

少女を絶望させた大学と救ってくれた大学が運命のごとくひとつになり、還暦を過ぎてから教官として迎え入れ、定年になってからも給与は半減でもまだ何年か、貢献できる。その間にぎゅっと集中して、自前資源の実用化に歩みを進めるだろうし、後進も育てる。

ね、みなさん、夢は諦めちゃいけませんね。

青山千春准教授は現在、研究はもちろん、それだけではなくて例えば自費で全国の高校を歩きに歩いて、海大の新学部を受験するよう奨めています。自費ですから、ぼくと一緒の家計も直撃するわけですが、ぼくはもちろん大賛成というか、その無私の志、行動力にこころのうちで感嘆しきりです。

そのぼくにこのあと、まさかの展開がありました。

二〇一六年一月から、内閣の官房副長官にこの年の参議院選挙に出るよう要請されていました。しかし選挙への出馬要請は常に断ってきました。ぼくは自分を売り込まないのが生き方です。選挙では売り込まざるを得ないだろうと考えていました。青山千春博士もこれまでは出馬に反対でした。

ところが今回に限り、青山千春博士は「出るべきです」と言います。独研の総務部秘書室第二課に務めていた清水麻未《しみずまみ》秘書も「社長、国益のために出るべきです」と詰め寄ります。第二課というのは同行秘書で、ぼくの公的な動きとずっと行動を共にし、ありのままのぼくを見ています。

しかし断り続けて六月となり、公示が六月二二日でしたから今回も要請そのものが立ち消えだと考えていました。

すると安倍晋三総理からぼくの携帯に電話があり「青山さんが国会に来ると、外務省が変わる、経産省が変わる。自民党議員も変わる」と仰いました。ぼくは一驚しました。現職の総理が外交、エネルギー政策、与党のあり方を自己批判なさっているに等しいからです。

安倍さんとぼくはさまざまに考え方が違います。一例では、二〇一五年一二月の日韓合意にぼくは現在でも強く反対しています。

しかしこの電話には、日本国の変化を感じないわけにいきませんでした。それで決断したのではありませぬ。そこからの日々は人生最悪の、迷いに迷う日々となりました。

ぼくは作家として脂が乗って、小説もノンフィクションもようやく量産しようとしていました。危機管理や自前エネルギー開発の実務を遂行する独研の社長としても、やっと軌道に乗っています。何より独立不羈《どくりつふき》で生きていて、苦労して税金を払っておられる国民に養っていただく立場になりたくありません。

それでも拉致被害者のご家族が高齢となり、メタンハイドレートをはじめ自前資源の実用化はこれからこそが胸突き八丁の本番、さらに日本農業を誇りある輸出産業にすることもTPPの批准を控えて肝心な時機となったことが胸にありました。ぼくが長年、民間人としてこそ取り組み、非力ながら苦闘してきた課題がちょうど肝心要の時代を迎えています。

ついに、おのれの人生を壊す決意をして、ただ国益のために公示直前に突如、出馬表明をしました。

しかし葉書一枚出さず、独研を休んでボランティアで参戦してくれた清水と遊説に歩くだけの選挙でした。その遊説でも、おのれを売り込むことはゆめ、しませんでした。動員ゼロなのに、自然に物凄い数のひとが集まってくれて、若者もびっくりするぐらい多く、ひたすらそのみんなと一緒に考えました。

選挙慣れなさっているらしい、ある東京都議（お付き合いはありません）からは「二万票台しか取れずに落選」という予測を人づてに突きつけられましたが、四八万一八九〇票が不肖ぼくを国会に送り出しました。

この新書のテーマ、「自前資源によって日本の生き方を変える」ということを拉致被害者の奪還などと共にぼくなりに訴え、それに連帯を表明なさった憂国の士が男女、年齢を問わず五〇万人近くいらっしゃるということです。

「知名度のおかげよ」という政治家からの言葉を繰り返し聞きましたが、その政治家の方が知名度ははるかに高い。知名度だけではないし、ぼくの下手な演説の力でもない。国民の志が生み出した結果であることを客観的に考えれば、日本国に真新しい歩みは始まっています。

選挙中の六月三〇日付で、ぼくは自ら創立して育てた独研を退きました。一四年二か月務めた代表取締役社長・兼・首席研究員を退任し、持ち株もすべて無償で放棄しました。

国会議員となっても兼職はできます。しかし何より、メタンハイドレート開発についてあらぬ誤解を生む、あるいは嘘を作られて誹謗中傷《ひぼうちゅうしょう》に利用されることをいくらかでも減らすために、このようにしたのです。

この決断をできたのは、青山千春博士が独研の自然科学部長から国立大学の教官に転じていたことが大きかったのです。

独研が苦闘千里で積み上げてきた成果はすべて、国民に支えられた東京海洋大学が引き継ぐことができます。何という天の配剤でしょうか。

ぼくは国会に出たあと内閣総理大臣に「命も要らぬ、名（虚名）も要らぬ、カネも要らぬ、位も要らぬ議員になりました。これからも不肖ながらご意見、異見を申しあげます」とお話ししました。

メタンハイドレートは学者の世界でも「燃える氷」と呼ばれています。見ても触っても氷かシャーベットなのに、ぼっと青い炎を出して勢いよく燃えるからですね。

そこで「希望の現場　メタンハイドレート」を新書にするとき、「氷の燃える国ニッポン」と改題しました。

そうです、燃える氷が、古き日本の氷の既得権益を溶かし、「日本は戦争に負けて、しかも資源のない国」という思い込みも溶かすときが来るでしょう。

青山千春博士は「希望の現場　メタンハイドレート」で、日本海側のメタンハイドレートに取り組んでいくとき国際社会ではあり得ない妨害、それも政官財学の四者が打ち揃って妨害してきたことを淡々と述べています。

そのあと「私たちは、がっかりしたり不思議に思ったりするだけではなく、みずから体を動かし、現場に出て、行動してきました」と記し、さらに次の二行を綴《つづ》りました。

「日本を否定する日本国民であり続けるのではなく、誇りを持って日本を肯定できる国民でありたいからです」

この一文をかつて最初に眼にしたとき、わたしは胸の裡（うち）が沸き立ちました。

さてさてみなの衆、一緒に考え、ともに立つべき秋（とき）は来たれり。

西暦二〇一六年、平成二八年、わたしたちの大切なオリジナルカレンダー皇紀では紀元二六七六年の九月二一日、台風一過の東京湾を望みつつ。

作家、東京大学教養学部非常勤講師、近畿大学経済学部客員教授、参議院議員一年生
青山繁晴　拝

氷の燃える国ニッポン

著者　青山千春
アシスト・バイ　青山繁晴
2016年11月10日　初版発行

青山千春（あおやま　ちはる）
東京海洋大学准教授。東京都生まれ。一九七八（昭和五三）年、東京水産大学（現・東京海洋大学）卒業。結婚後一二年間育児に専念。一九九七（平成九）年、東京水産大学大学院博士課程修了（水産学）。アジア航測株式会社総合研究所、株式会社三洋テクノマリン、株式会社独立総合研究所　取締役・自然科学部長を経て、現職。著書に、『海と女とメタンハイドレート』（ワニブックス【PLUS】新書）がある。

青山繁晴（あおやま　しげはる）
作家、参議院議員。一九五二（昭和二七）年、兵庫県生まれ。慶應義塾大学文学部中退、早稲田大学政治経済学部卒業。共同通信記者、三菱総合研究所研究員を経て、二〇〇二（平成一四）年、株式会社独立総合研究所を創立し、代表取締役社長・兼・首席研究員に就任。二〇一六（平成二八）年、参議院議員に当選し、現職。著書に、『ぼくらの祖国』『壊れた地球儀の直し方』（扶桑社）、『青山繁晴の「逆転」ガイド　ハワイ真珠湾の巻』（ワニ・プラス）、『平成紀』（幻冬舎文庫）など。

発行者　佐藤俊彦
発行所　株式会社ワニ・プラス
〒150-8482
東京都渋谷区恵比寿4-4-9 えびす大黒ビル7F
電話　03-5449-2171（編集）

発売元　株式会社ワニブックス
〒150-8482
東京都渋谷区恵比寿4-4-9 えびす大黒ビル
電話　03-5449-2711（代表）

装丁　橘田浩志（アティック）
佐野佳子、清水良洋（Malpu Design）

印刷・製本所　大日本印刷株式会社
DTP　株式会社YHB編集企画

ISBN 978-4-8470-6102-8

ワニ・プラスの本

海と女とメタンハイドレート

青山千春＋青山繁晴 著

メタンハイドレート調査・研究のキーパーソンであり、国士でもある青山千春博士。旧態依然とした差別や障害としなやかに、したたかに戦ってきた、その半生を描く。全ての女性に捧げる希望の書。

定価：本体八〇〇円＋税

ワニ・プラスの本

『死ぬ理由、生きる理由
――英霊の渇く島に問う』

青山繁晴 著

硫黄島には今も、一万一千人以上の兵士の方々のご遺骨が取り残されたままである。「にっぽん丸　小笠原と硫黄島周遊クルーズ」における三回にわたる魂の講演をすべて採録し、さらに航海の模様と硫黄島の姿を三二ページのカラー口絵写真で紹介する。

定価：本体一六〇〇円＋税